图1　无公害农（畜）
　　　产品标识

图2　羊胴体

A级绿色食品
AA级绿色食品

U0272016

图3　绿色畜产品标志

中国有机产品GAP认证
China GAP
certified organic

中国有机转换产品认证
China GAP
certified organic transmit

南京国环OFDC有机认证
China OFDC
certified organic

中绿华夏有机认证
China organic food
certication

图4　有关组织有机认证标识

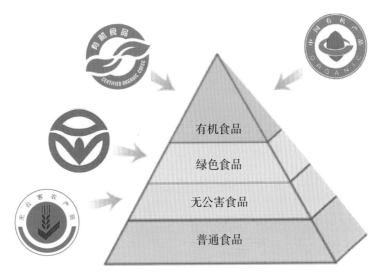

图5　食品等级阶梯结构

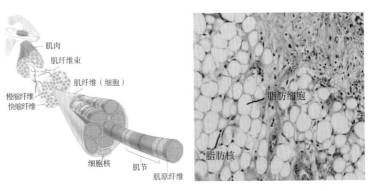

图6　肌纤维结构　　　图7　皮下脂肪组织放大

图8　发绿发黏的腐败肉

图9　白色霉斑肉

图10　注水牛肉

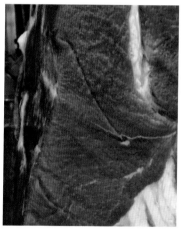

图11　正常牛肉

图12　米（粒）猪肉

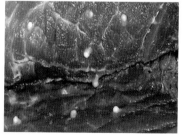

图13　很明显的"豆"结状物

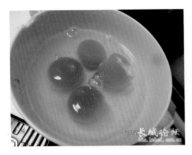

图14　陈蛋

图15　散黄蛋

图16　增大的气室

图17　表面光洁的鲜鸡蛋

图18　验讫章

畜产品质量安全知识问答

高雅琴　主编

中国农业科学技术出版社

图书在版编目（CIP）数据

畜产品质量安全知识问答／高雅琴主编 . —北京：中国农业
科学技术出版社，2017.10

ISBN 978-7-5116-3248-7

Ⅰ.①畜…　Ⅱ.①高…　Ⅲ.①畜产品-食品安全-问题解答
Ⅳ.①TS251-44

中国版本图书馆 CIP 数据核字（2017）第 225488 号

| 责任编辑 | 闫庆健 |
| 责任校对 | 马广洋 |

出 版 者	中国农业科学技术出版社
	北京市中关村南大街 12 号　邮编：100081
电　　话	（010）82106632（编辑室）　（010）82109704（发行部）
	（010）82109709（读者服务部）
传　　真	（010）82106625
网　　址	http://www.castp.cn
经 销 者	各地新华书店
印 刷 者	廊坊佰利得印刷有限公司
开　　本	880mm×1 230mm　1/32
印　　张	7.75　彩插　4 面
字　　数	200 千字
版　　次	2017 年 10 月第 1 版　2020 年 4 月第 6 次印刷
定　　价	26.00 元

前　言

　　民以食为天，食以安为先。食品安全是我国社会和国际社会最为关注的问题。农产品包括畜产品是食品之源，其安全是食品安全的前提和基础。党的十八大以来，中央领导高度重视农产品质量安全工作。习近平总书记指出，食品安全源头在农产品，把农产品质量安全作为转变农业发展方式、加快现代农业建设的关键环节，要用最严谨的标准、最严格的监管、最严厉的处罚、最严肃的问责，确保广大人民群众"舌尖上的安全"。

　　在我国农业资源短缺，开发过度、污染加重的资源和环境约束条件下，如何保障农产品质量安全成为当前农业发展所面对的重大挑战。农业科技是突破资源和环境约束、提高我国农产品质量安全水平的决定力量，农产品质量安全监管和立法，构建统一、规范的农产品质量安全标准体系，开展农产品质量安全风险评估，是政府依法监管和预防农产品质量安全风险的客观需要。截止目前，农业部已成立100家农产品质量安全风险评估实验室，各实验室承担授权范围内的农产品质量安全风险评估、风险监测和风险交流任务，开展农产品中主要风险因子摸排、危害程度及控制措施研究和营养功能评价，为政府农产品质量安全风险管理提供科学依据和技术支撑。

农产品质量安全风险评估实验室承担的一项重要工作即科普宣传，将农产品科学研究结果宣传给广大消费者是其职责之一。深入宣传农产品质量安全知识，用科学的方法引导消费，使消费群体能以科学的态度对待农产品质量安全问题，营造全社会共同参与和维护农产品质量安全，进而创建大众食品安全的良好社会氛围，是本书目的所在。

本书是农业部畜产品质量安全风险评估实验室（兰州）在近几年畜产品质量安全风险评估科学研究的基础上，以畜产品为主，分三个部分，从食品安全基本知识、畜产品营养成分、兽药、重金属残留及危害等质量安全知识着手，以问答的形式回应大众关切，既有专业知识，又通俗易懂，是一本消费者易于接受的科普读物。

在本书的编写过程中，参考了国内外诸多作者的著作和文章，在此表示衷心感谢。

由于编者水平有限，书中难免有错误之处，敬请同行、专家和广大读者指正。

编　者

2017 年 8 月于兰州

目　录

一、食品安全基础知识问答

1. 食品安全概念是什么？

食品安全一般是指食品本身对食品消费者的安全性，它包括两个方面的意思：一是食品供应总量的安全。在20世纪80年代前，我国食品安全的主要威胁是食品总量不够，人们吃不饱，经常受到无东西可吃的威胁，存在食品安全问题；二是食品供应质量的安全。当食品丰富，人们在能吃饱的基础上，开始越来越关注食品的质量安全了。

世界卫生组织对食品安全的定义是"食物中有毒有害物质对人体健康造成有害作用的公共卫生问题"，其中包括两个关键词，一个是食品中有毒有害物质，另一个是要对消费者的健康造成损害或者具有潜在的危害，其核心是"健康"，例如畜产品中的兽药残留超标就属于食品安全问题。

当前人们往往把某些社会不良现象也认为是食品安全问题，例如商家销售的食品存在缺斤短两、成分不足现象，这些不是食品安全问题，是商家良心问题、质量达标问题，不会对消费者健康造成危害。还有假冒伪劣问题。假冒伪劣在我国可以说是层出不穷，像三聚氰胺这样的假冒伪劣确实对消费者健康造成危害，但大部分的假冒伪劣对消费者健康造成的危害，不等同于食品安全问题，假冒伪劣不只是食品安全监管部门的事情，它是一种违法行为。国际上把此假冒伪劣称为欺诈，在中国则称为假冒伪劣也就是食品欺诈。

本书中的探讨和涉及的食品安全问题则主要是食品质量安全问题。

2. 哪些因素可引发食品安全问题？

动物性食品从农牧场到餐桌，在饲料、养殖、运输、屠宰和加工各个环节都可能引入化学性和生物性污染物，危及食品安全。化学性和生物性污染物是影响食品安全的主要因素，此外还有食品中的毒素、转基因产品、环境污染及包装材料及容器的污染等。

（1）生物污染物。主要有微生物（细菌、真菌、病毒）、寄生虫（旋毛虫）、昆虫等污染，引起食品变质和产生毒素，对人体健康造成危害。

（2）化学性污染物。主要有兽药残留（包括允许使用和禁用品种）、农药残留（包括有机磷、有机氯农药）、禁用的食品添加剂、有毒元素超标等，如重金属超标，"瘦肉精"残留等。

（3）毒素。食品中的毒素主要有霉菌毒素（如黄曲霉毒素）、真菌毒素和生物碱等。

（4）转基因产品。如外源基因的安全性、潜在的致敏性等并未通过安全性评价，可能会引起食品安全问题的发生。

（5）环境污染。主要有大气污染、水污染和土壤污染，如空气中的氟化物、二氧化硫污染，水中所含人工合成化学物质、重金属等，排放到土壤中造成土壤环境污染，造成植物和饲料中有害物质超标，影响农产品和畜产品质量安全。

（6）包装材料及容器的污染。主要有塑料包装制品中树脂自身的毒性，塑料制品在制作过程中添加的稳定剂、增塑剂、着色剂等带来的危害。铝制食品容器盛装食品时间过长，铝迁移至食品可造成人的慢性中毒，都可能引起食品质量安全问题。

3. 主要食源性疾病和引起的原因有哪些？

根据世界卫生组织（WHO）的定义，食源性疾病是指病原物质通过食物进入人体引发的中毒性或感染性疾病，常见的包括食物中毒、肠道传染病、人畜共患病、寄生虫病等。其中，食源性疾病中98.5%是致病微生物污染引起的，其发病率居各类疾病总发病率的前列，是全世界公认的头号难题。据资料，我国每年发生的食物中毒事件有600～800起，其中造成当事人死亡的上百例。可以说，食物中毒造成的危害远远超过其他食品安全问题，是食品安全风险最高的区域。

食源性疾病通常具有传染性或毒性，由细菌、真菌、病毒、寄生虫或化学物质经受污染的食物或水进入人体后导致。食源性病原体可造成腹泻或削弱体力的感染，包括脑膜炎，严重者可导致终生残疾甚至死亡。化学污染物可能引起急性中毒或长期疾病，如癌症。

（1）引起食源性疾病的细菌。

①沙门氏菌、弯曲杆菌和肠出血性大肠杆菌：属于最常见的食源性病原体，每年影响数百万人，有时导致严重和致命后果。症状是发烧、头痛、恶心、呕吐、腹痛和腹泻。沙门氏菌疫情涉及的食物包括蛋类、家禽和其他动物源产品。感染弯曲杆菌的食源性病例主要是由原料奶、生的或未煮熟的家禽以及饮用水所导致。肠出血性大肠杆菌与未经消毒的牛奶、未做熟的肉类以及新鲜水果和蔬菜有关。

②李斯特菌：人体感染会导致孕妇意外流产或新生儿死亡。虽然疾病发生率较低，但由于李斯特菌会导致严重且有时可能致命的健康后果，尤其是在婴儿、儿童和老人当中，使其被列入最严重的食源性感染。李斯特菌见于未经消毒的奶制品和各种即食食品并可能在冷藏温度下滋生。

③霍乱孤菌：通过受污染的水或食品感染人群。症状包括腹痛、呕吐和大量水泻，可能导致严重脱水和死亡。大米、蔬菜、小米粥以及各种海产食品都与霍乱疫情有牵连。

抗微生物药物，如抗生素对于治疗细菌感染至关重要。但是，兽医和人类医学中过度使用和滥用这类药物与耐药性细菌的出现和传播相关，致使对动物和人类的传染病治疗减效或无效。耐药性细菌通过动物（如沙门氏菌通过鸡）进入食物链。所以，抗微生物药物耐药性是现代医学的主要威胁之一。

（2）引起食源性疾病的病毒。诺如病毒感染的特征是恶心、爆发性呕吐、水泻和腹痛。甲肝病毒可导致长期肝病，主要通过生的或未煮熟的海产品或受污染的农产品原料进行传播。朊病毒是由蛋白质组成的传染性病原体，与特定形式的神经退行性疾病有关，因此十分独特。牛海绵状脑病（或"疯牛病"）是牛群中的朊病毒病，与人类中的变异型克雅氏病有关。消费含有特定风险物质的牛产品，如脑组织等是朊病毒向人类传播的最可能途径。

（3）引起食源性疾病的寄生虫。一些寄生虫，如鱼源性吸虫，只通过食物传播。另一些寄生虫，如棘球绦虫属可通过食物或与动物直接接触感染人类。还有一些寄生虫，如蛔虫，隐孢子虫，阿米巴或贾第鞭毛虫经由水或土壤进入食物链并可污染新鲜的农产品。

（4）引起食源性疾病的化学毒素。自然产生的毒素包括真菌毒素，海洋生物毒素，生氰苷和有毒蘑菇产生的毒素。玉米或谷类等主食可能含有高水平的霉菌毒素，如黄曲霉毒素和赭曲霉毒素，长期接触可能影响免疫系统和正常发育，或导致癌症。

化学毒素主要有食品中的农兽药残留，如动物性产品中的非法添加物瘦肉精、三聚氰胺残留等，还有环境中积累的持久性有机污染物，如二噁英和多氯联苯，它们是工业生产和废弃物焚烧的有害副产品。它们见于世界各地的环境当中，并在动物食物链中积累。

食品中的重金属污染主要来自空气、水和土壤污染，重金属如铅、镉和汞可导致神经系统及肾脏损害。

4. 日常生活中食品安全五要点是什么？

食品安全五要点是由世界卫生组织提出的、为各国公认有效且普遍实施的食品安全风险防范措施，对规范食品生产经营、指导家庭烹制食物具有重要意义。食品安全五要点主要包括保持清洁、生熟分开、做熟食物、保持食物的安全温度、使用安全的水和原材料五方面内容。

一是保持清洁。拿食品前要洗手，准备食品期间经常还要洗手；便后洗手；清洗和消毒用于准备食品的所有场所和设备；避免虫、鼠及其他动物进入厨房和接近食物。

为什么一定要保持清洁呢？因为多数微生物不会引起疾病，但泥土和水中以及动物和人体身上常常可找到许多危险的微生物。手上、抹布尤其是切肉板等用具上可携带这些微生物，稍经接触即可污染食物并造成食源性疾病。

二是生熟分开。生的肉、禽和海产食品要与其他食物分开；处理生的食物要有专用的设备和用具，例如刀具和切肉板；使用器皿储存食物以避免生熟食物互相接触。

为什么一定要生熟分开呢？因为生的食物，尤其是肉、禽和海产食品及其汁水，可含有危险的微生物，在准备和储存食物时可能会污染其他食物。

三是保证做熟。食物要彻底做熟，尤其是肉、禽、蛋和海产食品；汤、煲等食物要煮开以确保达到70℃；肉类和禽类的汁水要变清，而不能是淡红色的；最好使用温度计；熟食再次加热要彻底。

四是保持食物的安全温度。熟食在室温下不得存放 2 小时以上；所有熟食和易腐烂的食物应及时冷藏（最好在5℃以下）；熟食在食用前应保持温度（60℃以上）；即使在冰箱中也不能过久储存食物；冷冻食物不要在室温下化冻。

为什么一定要保持食物的安全温度？如果以室温储存食品，微生物可迅速繁殖。当温度保持在5℃以下或60℃以上，可使微生物生长速度减慢或停止。有些危险的微生物在5℃以下仍能生长。

五是使用安全的水和原材料。使用洁净的水或进行处理以保证安全；挑选新鲜和有益健康的食物；选择经过安全加工的食品，例如经过低热消毒的牛奶；水果和蔬菜如果要生食，尤其要洗干净；不吃超过保存期的食物。

5. 食品安全能做到零风险吗？

不可能，食品安全没有零风险。我们做任何一件事，甚至是坐在家里什么也不做，都可能面临风险，何况是"吃"。且不说人类自身，人类的食物无时不在面对着复杂的客观环境（如空气、土壤、微生物等），即使是属于主观能动方面，也有偶发事件、人力不可及的范围及操作成本问题。零风险只是个美好的愿望。食品生产不是要承诺零风险，而是要将风险尽可能降低，降到风险可控的范围。

不是所有的食品质量问题都是食品安全问题，否则，就夸大了食品安全问题的数量，这正是当今人们感觉到食品安全问题多的重要原因。因此应引导消费者搞清楚，不是所有的食品出了问题都是食品安全问题，其中有很多是纯粹的质量问题，质量问题当中只有极少数的会影响消费者健康，而大多数是不会影响消费者健康的。

6. 这些有关食品的说法对吗？

（1）不合格的食品就是有危害的食品。不一定。一个产品被判为不合格原因很多，如标签问题、超过保质期、产品质量不符合国家标准等。超过保质期的食品有可能只是风味不佳，未必就有害；至于产品质量不符合国家标准，因为标准的制定一般都会留"安全余地"，所以只能说不符合国家标准的产品会有引发健康问题的"风险"，并不绝对致病。例如，闹得很凶的含菌水饺，它是不符合当时的国家标准，属于不合格食品，但考虑到当时国家标准规定得太严，而且水饺煮着吃就可以杀灭那些病菌，所以这样的"不合格产品"一般不会造成太大的危害。对于媒体报道的不合格食品，不要直接下定论有危害，也不用极度恐慌。

（2）含有危害物质的食品就是"毒食品"。不一定。消费者是否听说过"离开剂量谈危害就是耍流氓"！这就是说，是否产生危害要看该种物质的剂量。所谓的致病物质（包括"致癌物质"）在自然界中广泛存在，并不是说一种食物中含有某种物质就一定致病，致病还要考虑其剂量、致病条件。当然有人会说，也许一两次不会致病，但长期食用（长期食用可能致病是媒体最常用句子）谁能保证不致病呢？确实是这样。所以要制定标准，标准的制定一般都会考虑"长期食用"和"食用多少"的问题，要通过风险评估，而且要照顾到特殊人群如老人和小孩。所以不超过标准规定的限量值一般是不用担忧的。

（3）超过标准限量的产品一定是有危害的。应该说，大部分时候都是这样，但也不绝对化。这需要对标准的制定有一些基本了解。标准制定的初衷是对食品中的危害进行合理、有效的控制，使健康得到保障，但这种控制，当它表现成文字和文本以后，它唯一能够被所有人接受的就是：它是执法依据。国家食品安全标准的地位和法律是等同的，所以违反国标的产品肯定是不合格产品，企业应该承担相应的责任，包括可能召回、对消费者赔偿、接受监管部门的处罚等。

标准的制定涉及危害性评估，包括对"合理、有效"的理解。目前，科学界对很多物质的危害性有大体上的共识，但不是所有的组织、国家和区域对所有物质在量值上都有完全一致的判断，也就是说，人类对健康的判断本身就有差异性。对"合理、有效"的理解就更为宽泛、复杂，它可能需要考虑国情、居民饮食习惯、行业企业发展状况、生产实际、监管可行性等因素。例如，粮食霉变会有黄曲霉毒素，而黄曲霉毒素是强致癌物，那么理想中是把黄曲霉毒素的标准定得越严越好，最好不要检出。但是，标准提高一点可能就意味着几千万斤粮食废弃，对于一个粮食短缺的国家，是选择饿死人还是选择提高十几万分之一的致癌概率？答案不言而喻。所以说，标准值是各种要素的平衡，虽然健康是其中占比最大的一块，但不是唯一。因此，消费者对食品标准的态度应该是：

①产品超标，肯定是更趋于有健康危害的，但对于具体事件仍要具体分析。如前所述，标准一般是留了"安全余地"的，所以有些情况即使超标了也不会有即刻的健康危害（除了安全余地，还有很多因素支持这一点），但有些情况则必须极为严苛，比如婴幼儿食品中的重金属绝不允许检出。

②对于国际国内标准的差异，只要不是相差很大，一般也不用特别大惊小怪。因为有时候这些差异跟健康关系不大，而是考虑到其他因素。比如茶叶，欧盟制定严苛的农残标准，其中有一点就是制造贸易壁垒——如果中国也执行这么严格的标准，大部分茶企连检测都做不起，更不用谈生产了。

③受限于科研或其他原因，标准中也可能出现不合理的规定。

④正因为有各种环境、要素、认识的变化，同时要适应产业的发展，所以标准处于不断的制修订过程中。标准需要不断修订，也反证了各项标准值和健康危害并不是绝对框死了的关系。

7. 如何解冻食品最科学？

随着冰箱普及，现代人吃冷冻食品也多了起来。一般认为，冷冻食品要比新鲜食品口味差、营养低。其实只要掌握好解冻方法，食品仍会保持原有的色、香、味，营养成分也不受损失。

食品解冻方法是极有讲究的，如果急速解冻，食品中的汁液流出，带出了蛋白质、矿物质、维生素等水溶性营养成分，食品的营养会遭受损失。如何科学解冻食品呢？

一般可分为三步。第一步，提前把烹调的食物从冷冻层拿出，放到冷藏室内搁置一段时间。如果直接拿到室温下，温度过渡太大，不利于冷冻食品营养的保护和质量的稳定。第二步，取出食品，用微波炉的解冻挡解冻。微波解冻具有穿透力，能使食品内外均匀受热，而不像一般用水解冻，表面已经融化了，内层还有冰碴。微波解冻也不容易产生汁液，从而更好地保护食品营养。但要注意的是，微波解冻不能加热到食品变软。第三步，将还未变软的食品取出放在室温下搁置到完全解冻即可。

切忌把食物放入温热的水中解冻，这样会引起肉汁大量流失和细菌迅速繁殖，营养也遭受较大损失。此外，从冰箱中取出食品解冻后，将剩余部分又分二次或三次冷冻，对食品的营养也会产生影响。

用冰箱冷冻食品，正确的做法是：将食品洗净，按每次食用的需要量，分成若干小块，用保鲜膜包好再冷冻。可吃多少取多少，避免二次冷冻。

8. 什么样的食品可以被召回？

经国家食品药品监督管理总局公布，2015 年 9 月 1 日起施行的《食品召回管理办法》中第十二条规定：食品生产者通过自检自查、公众投诉举报、经营者和监督管理部门告知等方式知悉其生产经营的食品属于不安全食品的，应当主动召回。

那么本规定所称不安全食品，是指有证据证明对人体健康已经或可能造成危害的食品，包括：

（1）已经诱发食品污染、食源性疾病或对人体健康造成危害甚至死亡的食品。

（2）可能引发食品污染、食源性疾病或对人体健康造成危害的食品。

（3）含有对特定人群可能引发健康危害的成分而在食品标签和说明书上未予以标识，或标识不全、不明确的食品。

（4）有关法律、法规规定的其他不安全食品。

9. 何谓食品添加剂？食品添加剂都有哪些？使用时应遵循什么原则？

根据 1962 年联合国粮农组织（FAO）/世界卫生组织（WHO）和国际食品法典委员会（CAC）对食品添加剂的定义，食品添加剂是指：在食品制造、加工、调整、处理、包装、运输、保管中，为达到技术目的而添加的物质。

食品添加剂作为辅助成分可直接或间接成为食品成分，但不能影响食品的特性，是不含污染物并不以改善食品营养为目的的物质。我国的《食品添加剂使用卫生标准》将其分为 22 类，即

防腐剂、抗氧化剂、发色剂、漂白剂、酸味剂、凝固剂、疏松剂、增稠剂、消泡剂、甜味剂、着色剂、乳化剂、品质改良剂、抗结剂、增味剂、酶制剂、被膜剂、发泡剂、保鲜剂、香料、营养强化剂和其他添加剂。

如何将食品添加剂正确的使用到食品中？一般来说，应遵循以下原则：

（1）经食品毒理学安全性评价证明，在其使用限量内长期使用对人安全无害。

（2）不影响食品自身的感官性状和理化指标，对营养成分无破坏作用。

（3）食品添加剂应有中华人民共和国卫生部颁布并批准执行的使用卫生标准和质量标准。

（4）食品添加剂在应用中应有明确的检验方法。

（5）使用食品添加剂不得以掩盖食品腐败变质或以参杂、掺假、伪造为目的。

（6）不得经营和使用无卫生许可证、无产品检验合格及污染变质的食品添加剂。

（7）食品添加剂在达到一定使用目的后，能够经过加工、烹调或储存而被破坏或排除，不摄入人体则更为安全。

10. 如何正确解读营养标签和食品标签？

（1）营养标签。我国营养标签采用"4+1"标示模式："4"为4个核心营养素——蛋白质、脂肪、碳水化合物、钠。"1"为能量。这5项为企业必须标示内容；其他营养成分，如钙、铁、维生素等，企业可自行选择是否标示，一般采用营养成分表的形式标示。

营养成分表是标示食品中能量和营养成分的名称、含量及其占营养素参考值（NRV）百分比的规范性表格。见表1：

表 1　营养成分表

项目	每 100 克含	NRV（%）
能量	1 823 千焦	22
蛋白质	9.0 克	15
脂肪	12.7 克	21
碳水化合物	70.6 克	24
钠	204 毫克	10
维生素 A	72 毫克 RE	9
维生素 B_1	0.09 毫克	6

营养成分表的 5 个基本要素是：表头、营养成分名称、含量、NRV（%）和方框。

①表头：以"营养成分表"作为表头。

②营养成分名称：按上表的名称和顺序标示能量和营养成分。

③含量：指含量数值及表达单位，为方便理解，表达单位也可位于营养成分名称后，如能量（kJ）。

④NRV（%）：指能量或营养成分含量占相应营养素参考值（NRV）的百分比。

⑤方框：采用表格或相应形式。营养成分表各项内容应使用中文标示，若同时标示英文，应与中文相对应。企业在制作营养标签时，可根据版面设计对字体进行变化，以不影响消费者正确理解为宜。

（2）如何看食品标签。

①看原料排序：按法规要求，用量最大的原料应排在第

一位，最少的原料排在最后一位。例如，某种产品的配料表上写着："米粉、蔗糖、麦芽糊精、燕麦、核桃等"，说明其中的米粉含量最高，蔗糖次之，而燕麦和核桃都很少。这样的产品，营养价值还不如大米饭。如果产品的配料表上写着："燕麦、米粉、核桃、蔗糖、麦芽糊精等"，其品质显然会好得多。

②看是否有你不想要的原料：如糖、盐、氢化植物油等不健康配料，还有可能产生过敏或不良反应的配料。比如，如果一个人对花生过敏，那么买饼干、点心等食品时一定要仔细看看，配料表中有花生的绝不能买。

③看食品添加剂：目前我国对食品添加剂的标注也越来越严格了，从 2010 年 6 月开始，企业必须明明白白地标注出所有的食品添加剂，而且要放在"食品添加剂"一词的后面，让消费者明白。比如"柠檬黄""胭脂红"等，一般是色素；看到带味道的词汇，比如"甜蜜素""阿斯巴甜""甜菊糖"等，肯定是甜味剂；看到带"胶"的词汇通常是增稠剂、凝胶剂和稳定剂等。

④看保质期：《预包装食品标签通则（GB 7718—2011）》明确规定了预包装食品需要标注生产日期、保质期以及贮存条件。人们去超市买东西，生产日期和保质期已经成为首要考察的项目了，却往往忽略了"贮存条件"，贮存不当也会引起食品在保质期内变质。

11. 食品保质期和保存期一样吗？

食品的保质期和保存期看似一字之差，意思却根本不同。

对于这两个涉及百姓日常消费安全的概念，往往被大部分人忽略，或者将二者当成一回事。因缺乏明确定义和使用规定，市场上的产品标志较为混乱，管理部门应尽快对商家的标志做出规范。消费者购买食品时，不仅要看厂家标注的是保质期还是保存期，更要注意观察销售环境是否符合保存要求，避免为变质食品埋单。

在超市，一些食品的包装袋上明确写着"保质期至某年某月"，或"保质期某个月"。但也有一些是含糊不清的说法，比如"最好在某月某日前食用"，或者"某月某日前食用最佳"等。另外，有些食品的包装上印有这样的表述"某月某日前食用""此日期前食用"，或"保存期至某年某月"，还有厂家直接标明"保质期几个月""保存期几个月"。

保质期和保存期到底有什么不同？

其实保质期是厂家向消费者做出的保证，保证在标注时间内产品的质量是最佳的，但并不意味着过了时限，产品就一定会发生质的变化。超过保质期的食品，如果色、香、味没有改变，仍然可以食用。但保存期则是硬性规定，是指在标注条件下，食品可食用的最终日期。超过了这个期限，质量会发生变化，不再适合食用，更不能用以出售。

为什么有的食品厂家在包装袋上标注保质期，有的却标着保存期？国家对此是如何规定的？

保质期和保存期是《食品卫生法》在试行期间和正式实施两个不同阶段卫生执法的法律依据。虽然正式实施后，应执行食品保质期的规定，但国家关于食品标签的标准，规定保质期为最佳食用期，保存期为推荐的最终食用期。众多历史原因造成了目前食品生产企业有的采用保质期，有的采用保存期的状况。因此消费者选购食品时最好注意销售环境是否符合标签上规定的条件，比如冷藏贮存、避光保存、阴凉干燥处保存等。如果不符合规定，即使食品没有超出保存期，也可能已经变质。

12. 食品的主要灭菌技术有哪些？

食品工业中采用的灭菌方法主要有加热灭菌和冷灭菌。与传统的热灭菌法相比冷灭菌技术不仅能保证食品在微生物方面的安全，而且能较好地保持食品固有的营养成分、质构、色泽和新鲜度，此技术虽然起步较晚，但能满足消费者对食品营养、原汁原味的要求，因此日益受到重视并且发展很快，成为近来国内外食品科学与工程领域研究的热点。目前用于食品中的冷灭菌技术主要有超高压灭菌技术，脉冲电场灭菌技术，紫外照射，辐照灭菌技术，超声波灭菌技术，臭氧灭菌等。

（1）超高压灭菌技术。高压灭菌是指将食品密封在容器内放入液体介质中或直接将液体食品打入处理槽中，然后进行 $100 \sim 1\,000$ 兆帕的加压处理，高压能导致酵母、霉菌和营养细胞的伤害或死亡，从而达到杀灭微生物的目的。其主要通过破坏细胞膜、抑制酶的活性和影响 DNA 等遗传物质的复制来实现。与热力灭菌相比，高压灭菌较多地保留了食品中的原有成分，对食品的风味破坏相对较小。超高压处理技术涉及食品工艺学、微生物学、物理学、传感器、自动化技术等学科，由于设备成本高、投资巨大，目前国内的食品超高压处理技术还处于研究阶段，还没有成熟的超高压灭菌技术投入食品工业生产。

（2）脉冲电场灭菌。脉冲电场灭菌是用高压脉冲器产生的脉冲电场进行灭菌的。脉冲产生的电场和磁场的交替作用，使细胞膜透性增加，膜强度减弱，最终膜被破裂，膜内物质外流，膜外物质渗入，细菌体死亡。电磁场的作用，产生电离作用，阻断了细胞膜的正常生物化学反应和新陈代谢，使细菌体内物质发生变化。同时，液体介质电离产生臭氧的强烈氧化作用，使细胞内物质发生一系列的反应，杀灭菌体。

（3）紫外照射。紫外照射的灭菌机理主要是由于微生物吸收紫外光导致突变，微生物分子受激发后处于不稳定的状态，从而破坏分子间特有的化学结合导致细菌死亡。早年人们就发现紫外线具有灭菌功能，紫外线灯通常用充水银灯管制成，具有设备简单、成本低廉的特点。但是，由于水银灯光所发出功率低，而且不稳定，紫外线穿透性差，所以灭菌能力受到较大限制，有的细菌细胞在紫外线下被破坏后还能修复。由于紫外照射会破坏有机物分子结构，所以会给某些食品的加工带来不利的影响，特别是含脂肪和蛋白质丰富的食品经紫外线照射会促使脂肪氧化、产生异臭，蛋白质变性，食品变色等。此外，食品中所含的有益成分如维生素、叶绿素等易受紫外线照射而分解，因此紫外线照射灭菌的应用受到一定程度的限制。

（4）辐照灭菌技术。辐照灭菌是利用电磁波中的 x 射线、γ 射线和放射性同位素射线杀灭微生物的方法。射线辐射对食品的作用分为初级和次级，初级是微生物细胞间质受高能电子射线照射后发生的电离作用和化学作用，次级是水分经辐射和发生电离作用而产生各种游离基和过氧化氢再与细胞内其他物质作用。这两种作用会阻碍微生物细胞内的一切活动，从而导致微生物细胞死亡。辐射灭菌的特点是射线可以穿透食品包装和冻结层，可以在食品包装后辐照灭菌，避免二次污染在适当的辐照剂量条件下，食品营养成分不发生明显变化，而且保鲜程度很高。但是辐照灭菌需要较大投资及专门设备来产生辐射线辐射源并提供安全防护措施，保证辐射线不泄露，各厂家必须将产品送到辐射站处理，无法在厂内直接加工，很不方便，影响生产效率和加工成本。

（5）超声波灭菌。频率在9~20千赫/秒以上的超声波，对微生物有破坏作用。它能使微生物细胞内容物受到强烈的震荡而使细胞破坏。一般认为在水溶液内，由于超声波作用，能产生过氧化氢，具有灭菌能力。也有人认为微生物细胞液受高频声波作用时，其中溶解的气体变为小气泡，小气泡的冲击可使细胞破裂，因此，超声波对微生物有一定的杀灭效应。同时能够对食品产生诸如均质、催陈、裂解大分子物质等多种作用，提高食品品质，保持功能成分不受破坏。超声波灭菌的特点是速度较快，对人无伤害，对物品无伤容，但也存在消毒不彻底，影响因素较多的问题。超声波灭菌一般只适用于液体或浸泡在液体中的物品，且处理不能太大，并且处理用探头必须与被处理的液体接触。目前仍主要用于辅助消毒。

（6）臭氧灭菌。臭氧是一种新型、高效、广谱的灭菌剂，臭氧的氧化还原电位很高，仅次于氟，因而具有很强的氧化能力。臭氧正是依靠其强氧化能力达到杀灭微生物目的。臭氧可以在较短时间内破坏细菌、真菌、病毒和其他微生物的生物结构，使之失去生存能力。同微生物细胞膜中的磷脂质、蛋白质发生化学反应，从而使微生物的细胞壁受到破坏，并增加细胞膜的通透性，增加细胞内物质的外流，使其失活。臭氧破坏或分解细胞壁，迅速扩散进入细胞壁，氧化细胞内酶，从而致死微生物。臭氧具有灭菌力强、作用时间短、灭菌彻底、无残留等。

13. 保健食品与药品的区别有哪些？

两者的不同点主要是：

（1）使用目的不同。保健食品是用于调节机体机能，提高人体抵御疾病的能力，改善业健康状态，降低疾病发生的风险，不以预防、治疗疾病为目的。药品是指用于预防、治疗、诊断人的疾病，有目的地调节人的生理机能并规定有适应症或者功能主治、用法和用量的物质。

（2）保健食品按照规定的食用量食用。不会给人体带来任何急性、亚急性和慢性危害。药品可以有毒副作用。

（3）使用方法不同。保健食品仅口服使用，药品可以注射、涂抹等方法使用。

（4）可以使用的原料种类不同。有毒有害物质不得作为保健食品原料。

（5）批准文号不同。看包装或标签上的批准文号，药品的批准文号是："国药准字 H（或 Z. S. J. B. F）+8 位数字"，它的意思是国家药监局批准生产、上市销售的药品，H 字母代表化学药品、Z 中成药、S 生物制品、J 进口药品国内分包装、B 具有辅助治疗作用的药品、F 药用辅料。保健品的批准文号有 2 种，一个是：国食健字 G（J），是由国家食品药品监督管理局批准的国产保健食品和进口保健食品的批准文号。"国"代表国家食品药品监督管理局，"G"代表国产，"J"代表进口。另一个是：卫食健字，其中"卫"代表中华人民共和国卫生部，"食"代表食品，"健"代表保健食品，因为保健食品是食品中的一个类，仍旧属于食品的范畴。并且规定在包装或标签上方必须标有保健品的特殊标识："蓝帽子"，一个类似蓝帽子的图案，下面有保健食品四个字，保健食品四个字的下面就是批准文号。

（6）药品都有详细的说明书。而保健食品没有详细说明书，只有简单介绍，但主要内容不得涉及疾病预防、治疗功能，且应标明不能代替药物。

（7）药品是有规定的适应症或者功能主治、用法用量的物质。而保健食品只有适用人群，没有适应症和功能主治。

（8）药品是用于预防、治疗、诊断人的疾病。而保健食品不以治疗疾病为目的，保健食品不能代替药品治疗疾病。

（9）药品允许有一定的副作用。保健食品对人体不产生任何急性、亚急性或慢性危害。

（10）保健食品经口，以肠道吸收为主。而药品可肌内注射、静脉注射、皮肤给药、腔道给药、口服等。

14. 为何不得分装生产婴幼儿配方乳粉？

媒体曾报道过一些不法企业从新西兰等国家进口大包装乳粉到国内分装，其间可能出现原料调包、掺劣掺假、生产条件不过关等问题。最知名的案例是美素丽婴儿奶粉造假，通过擦除原有标识、重新喷码、私印外包装盒等方式，将国外奶粉批号篡改后贴牌销售。因此2015年6月、12月《食品安全法》修订草案两次提交全国人大常委会审议，主要在农药使用、保健食品、特殊医学用途配方食品、婴幼儿配方乳粉等较受争议的五大问题上做出了部分修改。删去不得以委托、贴牌方式生产婴幼儿配方乳粉的规定，保留了不得以分装方式生产婴幼儿配方乳粉的规定。

国家食药监总局提出，目前我国婴幼儿配方乳粉的配方过多过滥，全国有近1 900个配方，平均每个企业有20多个配方，远高于国外这类企业一般只有2~3个配方的情况。因此国务院将配方由备案管理改为注册管理，即对婴幼儿乳粉配方实行注册管理。

15. 这些调味料真的可致癌吗？

（1）甜蜜素。甜蜜素是环己基氨基磺酸钠或钙盐，是一种广泛应用于食品加工制造的甜味剂。其甜度是蔗糖的30~80倍，甜味纯正、自然，不带异味，且性质稳定。FAO/WHO于1994年批准其作为食品添加剂使用。按照我国食品安全国家标准《食品添加剂使用标准》（GB 2760—2014），该食品添加剂不得在酱油中使用。该标准关于甜蜜素的使用规定是建立在科学评估基础上的，按照标准使用甜蜜素能够保证消费者的健康。FAO/WHO 联合食品添加剂专家委员会（JECFA）制定的甜蜜素的每日允许摄入量（ADI）为 11 毫克/（千克体重）（注：11 毫克/千克体重是指每千克体重每日允许摄入量为 11 毫克）。也就是说，对于一个体重 60 千克的消费者来说，即使每天都吃到甜蜜素，只要其每天摄入量不超过 660 毫克，就不会给消费者的身体健康带来危害。

（2）苯甲酸。苯甲酸是化学防腐剂的一种，GB 2760—2014 中规定酱油、醋、酱及酱制品、半固体复合调味料以及液体复合调味料的最大使用量是 1.0 克/千克，一般认为苯甲酸的毒性很低，是由于它在生物转化过程中可以与甘氨酸结合形成马尿酸或与葡萄糖醛酸结合形成葡萄糖苷酸，并由尿排出体外。各国虽允许使用，但一般应用范围很窄，我国将其列为 A 级绿色食品不得使用的食品添加剂。FAO/WHO 建议其 ADI 值为 0~5 毫克/（千克体重），也就是说一个 60 千克的成年人，每天只要摄入不超过 300 毫克苯甲酸，就不需要担心苯甲酸会给身体造成危害。

（3）柠檬黄。柠檬黄，又称肼黄，是一种合成着色剂。经长期动物实验证明其安全性较高。FDA/WHO 确定其 ADI 值为 0~0.75 毫克/（千克体重）（一个 60 千克成年人每天最多摄入 45 毫克）。根据 GB 2760—2014，液体复合调味料中柠檬黄的最大使用量为 0.15 克/千克。

（4）糖精钠。糖精钠由甲苯和氯磺酸合成，在体内不能被利用，大部分经肾排除而不损害肾功能，不改变体内酶系统的活性。糖精钠曾在全世界范围内被广泛使用，20 世纪 70 年代美国 FDA 在动物实验中发现糖精有致膀胱癌的可能而限制使用。1993 年 JECFA 重新对糖精的毒性进行评价，认为流行病调查资料不能证明食用糖精与膀胱癌之间有关。所以，FDA/WHO 将糖精的 ADI 值先由 5 毫克/（千克体重）修改为 2.5 毫克/（千克体重），后又修改为 5 毫克/（千克体重）。糖精钠是 GB 2760—2014 中允许使用的人工合成甜味剂，只要按照规定的范围和限量使用对人体无害。按照 GB 2760—2014 糖精钠在复合调味料中的最大使用量是 0.15 克/千克。

16. 我国转基因农作物有哪些？如何鉴别转基因农产品呢？

自 1996 年全球转基因作物开始商业化种植，到 2015 年，全世界有 29 个国家种植转基因农作物，年种植面积超过 27 亿亩。转基因研发发展势头强劲，研发对象已涵盖了至少 35 个科，200 多个种，涉及大豆、玉米、棉花、油菜、水稻和小麦等重要农作物，以及蔬菜、瓜果、牧草、花卉、林木及特用植物等。研究目标多样，由抗虫和抗除草剂等传统性状向抗逆、抗病、品质改良、营养保健拓展。

据农业部科教司发布的消息，至 2015 年我国批准种植的转基因农作物只有棉花和番木瓜，2015 年转基因棉花推广种植 5 000 万亩，番木瓜种植 15 万亩。番木瓜又称木瓜，营养丰富，其乳汁是制作松肉粉的主要成份。2010 年 9 月 1 日，中国颁发番木瓜农业转基因生物安全证书，正式引进转基因番木瓜商业种植。

如何鉴别转基因食品呢？这主要通过标签来识别。

2002 年 3 月 20 日起实施的《农业转基因生物标识管理办法》中明确规定：①转基因动植物（含种子、种畜禽、水产苗种）和微生物，转基因动植物、微生物产品，含有转基因动植物、微生物或者其产品成分的种子、种畜禽、水产苗种、农药、兽药、肥料和添加剂等产品，直接标注"转基因××"。②转基因农产品的直接加工品，标注为"转基因××加工品（制成品）"或者"加工原料为转基因××"。③用农业转基因生物或用含有农业转基因生物成分的产品加工制成的产品，但最终销售产品中已不再含有或检测不出转基因成分的产品，标注为"本产品为转基因××加工制成，但本产品中已不再含有转基因成分"或者标注为"本产品加工原料中有转基因××，但本产品中已不再含有转基因成分"。并要求农业转基因生物标识应当醒目，并和产品的包装、标签同时设计和印制。对于难以在原有包装、标签上标注农业转基因生物标识的，可采用在原有包装、标签的基础上附加转基因生物标识的办法进行标注，但附加标识应当牢固、持久。

对于进口农产品，以水果为例，一般来说，进口水果的标签在最下方一般印有出口国的名称，中间的英文字母标明水果的名称，最上方的英文字母标识的是出口企业的名称。在每个标签的中间一般有 4 位阿拉伯数字："3"字开头的表示是喷过农药。"4"字开头的表示是转基因水果；"5"字开头的表示是杂交水果。

17. 发生食品安全事件后怎么办？如何进行有效处理？

《食品安全法》第一百零三条指出：发生食品安全事故的单位应当立即采取措施，防止事故扩大。事故单位和接收病人进行治疗的单位应当及时向事故发生地县级人民政府食品药品监督管理、卫生行政部门报告。县级以上人民政府质量监督、农业行政等部门在日常监督管理中发现食品安全事故或者接到事故举报，应当立即向同级食品药品监督管理部门通报。发生食品安全事故，接到报告的县级人民政府食品药品监督管理部门应当按照应急预案的规定向本级人民政府和上级人民政府食品药品监督管理部门报告。县级人民政府和上级人民政府食品药品监督管理部门应当按照应急预案的规定上报。任何单位和个人不得对食品安全事故隐瞒、谎报、缓报，不得隐匿、伪造、毁灭有关证据。

（1）那么发生食品安全事件后普通公民该如何处理呢？

应立即停止食用可能导致食品安全事故的食品及其原料，一旦出现不适症状，如恶心、呕吐、腹痛、腹泻、发烧等，立即拨打 120 呼救。在急救车到来之前，可以采取以下自救措施：

①对中毒不久而无明显呕吐者：可用手指、筷子等刺激其舌根部的方法催吐，或让中毒者大量饮用温开水并反复自行催吐，以减少毒素的吸收。

②如果病人吃下中毒食物的时间较长（超过两小时），而

且精神较好：可采用服用泻药的方式，促使有毒食物排出体外。此外，每个消费者都应该是食品安全监督员，监督食品安全，从而在社会上形成对食品违法违规者共同打击的氛围，继而营造良好的经营和消费环境，保障消费者的饮食安全。

（2）经营者。应在食品安全事故发生2小时内向卫生部门报告。

根据国家工商行政管理总局日前发布的《流通环节食品安全监督管理办法》，任何单位或者个人不得对食品安全事故隐瞒、谎报、缓报，不得毁灭有关证据。发生食品安全事故的食品经营者对导致或者可能导致食品安全事故的食品及原料、工具、设备等，应当立即采取封存等控制措施，并自事故发生之时起2小时内向所在地县级人民政府卫生行政部门报告。食品经营企业在发生食品安全事故后未进行处置、报告的，将被责令改正，给予警告；毁灭有关证据的，责令停业，并处2 000元以上10万元以下罚款；造成严重后果的，由原发证部门吊销许可证。

（3）卫生行政部门启动应急预案。卫生行政部门接到食品安全事故的报告后，应当立即会同有关农业行政、质量监督、工商行政管理、食品药品监督管理部门进行调查处理，并采取下列措施，防止或者减轻社会危害：

①开展应急救援工作：对因食品安全事故导致人身伤害的人员，卫生行政部门应当立即组织救治；

②封存：可能导致食品安全事故的食品及其原料，并立即进行检验；对确认属于被污染的食品及其原料，责令食品生产经营者依照本法第五十三条的规定予以召回、停止经营

并销毁；

③封存被污染的食品用工具及用具：并责令进行清洗消毒；

④做好信息发布工作：依法对食品安全事故及其处理情况进行发布，并对可能产生的危害加以解释、说明。

任何单位和个人不得阻挠、干涉食品安全事故的调查处理。

二、畜产品质量及安全知识问答

18. 何谓无公害畜产品？

（1）含义。无公害畜产品是指产地环境、生产过程和产品质量符合国家有关标准和规范的要求，经农业部门认证合格，获得认证证书并允许使用无公害产品标志的未加工或初加工的食用畜产品。严格地讲，无公害是对食用畜产品的基本要求，普通食用畜产品都应达到这一要求。

（2）标识。无公害畜产品标识与无公害农产品标识相同（图1）。

图1　无公害农（畜）产品标识

（3）生产技术要求。为规范化生产和管理无公害畜产品提供法定标准，我国相继颁布实施了《无公害农产品管理办法》《饲养饲料使用准则》《无公害畜禽肉安全要求》《无公害畜禽肉产地环境要求》《70 项无公害食品》等标准，具体规定了生产无公害猪肉、鸡肉、鸡蛋、牛肉和生鲜牛乳产品的定义、技术要求、检验方法和标志、包装、贮存，饲养过程中允许使用的兽药、饲料、饲料添加剂的种类及其使用与管理规范，包括饲料原料、原料添加剂、添加剂预混料、浓缩饲料、配合饲料和饲料加工过程的要求、试验方法、检验规则、判定规则、标签、包装、贮藏、运输的规范。无公害畜产品生产全过程要严格执行这些规范和要求，产品最终才能通过认证。通过无公害生产技术生产的羊胴体，如图 2 所示。

图 2　羊胴体

19. 无公害畜产品与绿色畜产品、有机畜产品的区别有哪些?

（1）绿色畜产品。绿色畜产品是我国农业部门推广的认证畜产品，分为 A 级和 AA 级两种。其中 A 级绿色畜产品生产中允许限量使用化学合成生产资料，AA 级绿色畜产品则较为严格地要求在生产过程中不使用化学合成的兽药、饲料添加剂、食品添加剂和其他有害于环境和健康的物质。从本质上讲，绿色食品是从普通食品向有机食品发展的一种过渡性产品。绿色畜产品标志如图3所示。

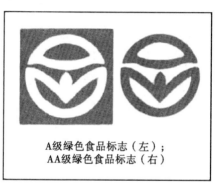

A级绿色食品标志（左）；
AA级绿色食品标志（右）

图3　绿色畜产品标志

（2）有机畜产品。有机畜产品是指按照有机方式生产和加工的，产品符合国际或国家有机产品要求和标准，并通过国家认证机构认证的畜产品及其加工品。我国具有资质的有机食品认证机构有多家，如中国质量认证中心，中绿华夏有机食品认证中心等，主要标识如图4所示。

中国有机产品GAP认证　　中国有机转换产品认证　　南京国环OFDC有机认证　　中绿华夏有机认证
China GAP　　　　　China GAP　　　　　China OFDC　　　　China organic food
certified organic　　certified organic transmit　certified organic　　　certication

图4　有关组织有机认证标识

广义而言，绿色和有机畜产品都是无公害畜产品。无公害、绿色和有机畜产品间的关系呈阶梯式，无公害畜产品处于阶梯的最基层，它是一种对生产过程要求最低的畜产品，是市场准入制的最基本要求，在实施层面上最为广泛，实施技术难度最低。绿色畜产品处于阶梯中间层，是无公害畜产品向有机畜产品转变的过渡阶段，实施范围比无公害畜产品窄，但比有机畜产品广，实施难度高于无公害畜产品。有机畜产品处于阶梯最高层，如图5所示，它是一种对生产要求最为严格的畜产品，主要通过对生产环境与生产过程的检测来控制畜禽产品的质量。

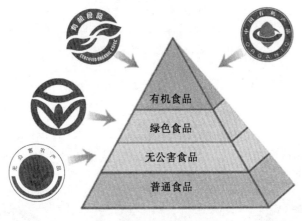

图5　食品等级阶梯结构

（3）无公害、绿色、有机畜产品。主要区别体现在以下几个方面：

①有机畜产品在其生产加工过程中绝对禁止使用化学品、激素等人工合成物质，并且不允许使用基因工程技术；而无

公害畜产品、绿色畜产品则允许有限使用这些技术，且不禁止基因工程技术的使用。有机食品的标准比绿色食品高，故被称为"纯而又纯"的食品。

②有机畜产品在生产转型方面有严格规定。考虑到某些物质在环境中会残留相当一段时间，用于生产饲草料的土地从生产其他农产品到生产有机畜产品需要2~3年的转换期。

③有机畜产品在数量上必须进行严格控制，要求定地域，其他畜产品没有如此严格的要求。

④价格不同，相对而言，有机畜产品价格最高。

⑤标志不同。消费者可通过无公害、绿色、有机畜产品认证标志即产品上的标签来进行区分。

20. 肉的形态结构是什么样的？

广义的肉是指动物屠宰后所得到的可以食用的部分，包括肉尸、内脏、头、蹄、骨、尾、血等。肉品学中的肉指畜禽屠宰后除去毛或皮、内脏、头、蹄和尾以后所余的躯体部分，又称胴体。肉的主要部分由骨骼肌构成，在形态学上由肌肉组织、脂肪组织、结缔组织和骨组织组成。

（1）肌肉组织。肌肉组织是构成肉的最重要组成部分，一般占动物活重的27%~44%、占胴体重的50%~60%。其差别主要来源于动物种类、品种、性别、年龄、育肥程度、饲料质量等。肌肉组织在家畜的颈部、腰部和臀部分布较多，禽类则以胸部和腿部较多。肉用品种的动物肌肉含量较高，育肥动物的肌肉含量较低，幼年动物的肌肉组织比老年动物含量多。

肌肉组织主要由肌纤维或肌细胞组成。肌纤维属于细长的、多核的纤维细胞，长1~40毫米，直径10~100微米。每50~150条肌纤维由一层薄膜包围形成初级肌束；再由数十个初级肌束集结并被稍厚的膜所包围，形成次级肌束；由许多次级肌束集结在一起外面包着较厚的膜，形成肌肉。在显微镜下可以看到肌纤维细胞沿细胞纵轴平行的、有规则排列的明暗条纹，所以称横纹肌，其肌纤维由肌原纤维、肌浆、细胞核和肌鞘构成，见图6。肌纤维的粗细随动物种类、品种、年龄、性别、劳役以及肌肉分布部位不同而异。牦牛肉肌纤维较其他家畜肉粗，家禽肉比家畜肉细。肉用品种动物的肌纤维较细，老年和役用动物的肌纤维较粗。同一个体腰部肌

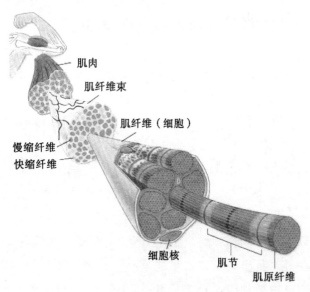

图6 肌纤维结构示意图

肉比腿部肌肉细。

（2）脂肪组织。脂肪组织是由大量脂肪细胞聚集而成，聚集成团的脂肪细胞由薄层疏松结缔组织分隔成小叶，脂肪组织中的网状纤维很发达，因此脂肪组织中脂肪87%～92%，水分6%～10%，蛋白质1.3%～1.8%，另外有少量的酶、色素及维生素等。脂肪细胞是动物体内最大的细胞，直径为30～120微米，最大可达250微米，见图7。脂肪细胞大、脂肪滴多，出油率高。

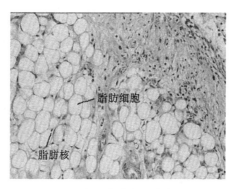

脂肪细胞

脂肪核

图7 皮下脂肪组织放大图

肌肉间脂肪蓄积较多时，肌肉切面呈大理石样结构，肉质较好，口感好，提高了其食用价值。动物种类、品种、年龄、育肥程度不同，其脂肪含量、分布部位、色泽和气味亦不同。一般脂肪多分布于动物的皮下、网膜、系膜等处。猪的脂肪多蓄积在皮下（肥膘）、体腔（板油）、网膜（花油）和肌肉间；牛的脂肪蓄积在肌肉间和皮下；羊的脂肪多蓄积在尾部及肋间、网膜；骆驼的脂肪蓄积在驼峰；禽类的脂肪蓄积在皮下、体腔、胃肠系膜和卵巢周围。

猪、羊的脂肪呈白色，牛脂肪呈微黄色，鸡和马脂肪呈黄色。脂肪气味主要取决于脂肪中所含的脂肪酸和其他脂溶性成分。不同动物脂肪的硬度、熔点也不相同，通常反刍动物脂肪的硬度和熔点较高，食用价值较低。脂肪主要保护组织器官不受损伤和供给体内能源。

（3）结缔组织。结缔组织是构成肌腱、筋膜、韧带、肌肉内外膜、血管及淋巴管的主要成分，广泛分布于动物体各部分，起支持和连接作用，使肌肉保持一定的硬度和伸缩性。肉内的结缔组织分为胶原纤维、弹性纤维和网状纤维，以前二者为主。

（4）骨组织。骨由骨膜、骨质与骨髓组成。骨髓分为红骨髓和黄骨髓，红骨髓能制造红细胞、血小板和各种白细胞，幼年动物含量比老年动物多；黄骨髓中含有很多脂肪细胞，成年动物含量比幼年动物多。猪肉中骨占 5%～15%，牛肉中骨占 15%～20%。一般骨中水分占 15%～50%，胶原占 20%～30%，无机质占 20%，无机质主要为羟基磷灰石。

21. 肉的化学成分有哪些？

肉的化学组成主要是指肌肉组织中的各种化学物质，包括水分、蛋白质、脂肪、碳水化合物、含氮浸出物及少量的矿物质和维生素等。

（1）水分。水分是肉中含量最多的成分，不同组织水分含量差异很大，其中肌肉含水量为 70%～80%、皮肤含水量为 60%～70%、骨骼含水量为 2%～15%。畜禽越肥，水分的含量越少，老年动物比幼年动物含量少。肉中水分含量多少及存在状态影响肉的加工质量及贮藏性，肉中水分存在形式大致可分为结合水、不易流动水、自由水三种。

（2）蛋白质。肌肉中除水分外的主要成分是蛋白质，占18%~20%。依其构成位置和在盐溶液中溶解度不同可分为三种，即肌原纤维蛋白质、肌浆蛋白质和基质蛋白质。

①肌原纤维蛋白质：占肌肉蛋白质总量的40%~60%，由丝状的蛋白质凝胶所构成，主要包括肌球蛋白、肌动蛋白、肌动球蛋白和2~3种调节性结构蛋白质，肌原纤维中的蛋白质与肉的嫩度密切相关。

②肌浆蛋白质：肌浆是浸透于肌原纤维内外的液体，含有机物与无机物，一般占肌肉中蛋白质总量的20%~30%，它包括肌溶蛋白、肌红蛋白、肌球蛋白和肌粒蛋白等。这些蛋白质易溶于水或低离子强度的中性盐溶液，是肉中最易提取的蛋白质，故称为肌肉的可溶性蛋白质。

肌红蛋白是一种复合性的色素蛋白质，是肌肉呈现红色的主要成分。肌红蛋白由一分子的珠蛋白和一分子亚铁血红蛋白结合而成。肌红蛋白有多种衍生物，如呈鲜红色的氧合肌红蛋白、呈褐色的高铁肌红蛋白、呈鲜亮红色的亚硝基肌红蛋白等。肌红蛋白的含量，因动物的种类、年龄和肌肉的部位不同而不同。

③基质蛋白质：基质蛋白质是结缔组织蛋白，指肌肉组织磨碎后，在高浓度的中性溶液中充分抽提之后的残渣部分，其中包括肌纤维膜、肌膜、毛细血管等结缔组织，和肉的硬度有关。主要成分是硬蛋白质类的胶原蛋白、弹性蛋白、网

状蛋白等，这几类蛋白质由于人体必需氨基酸含量很少或缺乏，在营养价值上属于不完全蛋白。

（3）脂肪。脂肪对肉的食用品质影响很大，肌肉内脂肪的多少直接影响肉的嫩度和多汁性，动物的脂肪可分为蓄积脂肪和组织脂肪两大类。

肌肉中的脂肪大部分附着于肌膜上，其中生长在肌束间或肌纤维间的脂肪称为肌内脂肪。肌肉内的脂肪使鲜肉外观呈现大理石纹理，是牛肉质量优劣的重要标志。猪肉由于含脂肪量高，相对显得不太重要。

脂肪对改善肉的口感和味道至关重要。当吃肉时，由于咀嚼，肌膜被破坏，液化的油脂顺势流出，在咀嚼和吞咽时成为一种润滑剂，提高肉的细嫩感，同时肉内脂肪还含有许多呈味物质，增加了肉的风味。

（4）浸出物。浸出物是指除蛋白质、盐类、维生素外能溶于水的浸出性物质，包括含氮浸出物和无氮浸出物。其中含氮浸出物约占 1.5%，主要是各种游离氨基酸、磷酸、肌酸、核苷酸类等，这些物质影响肉的风味，为香气的主要来源。

（5）维生素。肉中维生素主要有维生素 A、维生素 D、维生素 C、维生素 B_1、维生素 B_2、维生素 B_6、烟酸和叶酸等，其中脂溶性维生素较少，而水溶性维生素 B_6 较多。脏器中维生素含量较多，尤其是肝脏，含有丰富的维生素 A、维生素 C、维生素 B_6、维生素 B_{12} 等，禽的胸部的肉烟酸含量高于一般肉类。

（6）矿物质。矿物质含量占 1.5% 左右，这些无机盐在肉中有的以游离状态存在，如镁离子、钙离子，有的以螯合状态存在，如肌红蛋白中含铁，核蛋白中含磷，此外肉中还含有微量的锰、铜、锌、镍等。

（7）糖类。糖类主要以糖原的形式贮存于肌肉和肝脏，糖原在畜肉的贮藏过程中分解形成乳酸，使肉的 pH 值下降，促进肉的成熟，若肌肉中糖原不足会影响肉的成熟。糖原在动物死后的肌肉中进行的无氧酵解过程，对肉类的品质、加工贮藏都有重要的意义。

此外肌肉中还有少量其他糖类物质，如麦芽糖、葡萄糖等，这些物质在肉的成熟和保藏过程中起有益作用。

22. 原料肉的品质如何评定？

原料肉品质主要从肉色、肉的大理石纹、失水率、肉嫩度和熟肉率来评定。

（1）肉色评定。肉色是指肌肉的颜色，由组成肌肉中的肌红蛋白和肌白蛋白的比例所决定，也与畜禽的性别、年龄、营养状况、宰前状态、放血是否完全、冷却、冷冻等加工情况有关。

各种畜、禽肉有其本身正常的颜色，新鲜猪肉一般为鲜红色，牛肉为深红色，羊肉为紫红色，兔肉为粉红色。在同种家畜中，幼龄畜肉色比老龄畜的淡。禽类肉的颜色有红、白两种，腿肉为淡红色，胸脯肉为白色。

肉色评定方法有两种，一种是仪器评定法，另一种是目测评定法。仪器法用分光光度计精确测定肉的总色度或测定肌红蛋白含量。目测法是取最后一个胸椎处背最长肌（眼肌）为代表，新鲜肉样于宰后 1~2 小时采样，冷却肉于宰后在 4℃左右冰箱中存放 24 小时采样，在室内自然光线下，用目测评分法评定肉新鲜切面，评分标准见表 2。如在室外，应避免在阳光直射下评定。

表 2　猪肉色评分标准

肉色	灰白	微红	正常鲜红	微暗红	暗红
评分	1	2	3	4	5
肉质	劣质肉	不正常肉	正常肉	正常肉	正常肉

依据美国《美国肉色评分标准》，我国猪肉肉色较深，故评分 3~5 者为正常肉。

（2）大理石纹理。指肉眼可见的肌肉横切面红色肌细胞中的白色脂肪纹状结构，红色为肌细胞，白色为肌束间的结缔组织和脂肪细胞。大理石纹反映肌肉可见脂肪的分布情况。白色纹理多而显著，表示其中蓄积较多的脂肪，肉多汁、品质好，是简易衡量肉含脂量和多汁性的方法。常用的评定方法是取第一腰椎部背最长肌鲜肉样，取出横切，以新鲜切面观察其纹理结构，用目测评分法评定：脂肪只有痕迹评 1 分、微量脂肪评 2 分、少量脂肪评 3 分、适量脂肪评 4 分、过量脂肪评 5 分。

（3）失水率。动物屠宰后，肌肉蛋白质丧失保存肌肉中水分的性能，称为肌肉的失水性。失水率是指肉在一定的压力下，经一定时间所失去的水分占失水前肉重的百分比。失水率越低，表示肉的持水性越强，保水性越好，肉质越嫩，品质越好。失水率的高低可直接影响到肉的风味、颜色、质地、嫩度等，是与肉质关系最为密切的因素之一。测定失水率普遍采用压力法，我国现行的测定方法是用 35 千克重量压力法度量肉的失水率。持水性由高到低依次为猪肉、牛肉、羊肉和禽肉。

（4）肉的嫩度。肉的嫩度即人们食用时对肉的咀嚼、撕裂或切割的难易程度，及咀嚼后口腔残留肉渣的大小、多少的总体感觉。是消费者最重视的食用品质之一，它决定了肉在食用时口感的老嫩，是反映肉质地的重要指标。

影响肌肉嫩度的因素很多，除与遗传因子有关外，主要取决于肌肉纤维的结构和粗细、结缔组织的含量及构成、热加工条件和肉的 pH 值。

肉的嫩度评定主要分为主观评定和客观评定两种方法。

①主观评定：即靠咀嚼和舌与颊对肌肉的软、硬与咀嚼的难易程度等方面进行综合评定。其优点是比较接近正常食用条件下对嫩度的评定，但评定人员须经专门训练。

②客观评定：用肌肉嫩度测定剪切力，依据剪切力大小来客观表示肌肉的嫩度。实验表明，剪切力与主观评定法之间的相关系数达 0.60~0.85。

（5）熟肉率：是指肉熟后与生肉的质量之比，它反映肉烹饪过程中的保水情况。熟肉率越高，肉在烹饪过程中的保水力越强。

23. 畜禽屠宰后的肉会发生哪些变化？

畜禽屠宰后，虽然生命已经停止，但由于动物体还存在着各种酶，许多生化反应还没停止，所以从严格意义上讲，还没有成为可食用的肉，只有在屠宰后经过一系列的变化，才能完成从肌肉到可食用肉的转变。动物刚屠宰后，肉中的热量还没有散失，呈现柔软且有较小的弹性，这种处于生鲜状态的肉称作热鲜肉。经过一定时间，肉的伸展性消失，肉体变为僵硬状态，这种现象称为死后僵直，此时的肉加热不易煮熟，保水性差，加热后重量损失大，不适于加工肉制品。随着贮藏时间的延长，僵直缓解，经过自身解僵，肉变得柔软，同时保水性增加，风味提高，此过程称为肉的成熟，工业上也称为肉的排酸。成熟肉在不良条件下贮存，经微生物和酶的作用，分解变质称为肉的腐败。畜、禽屠宰后肉的变化主要包括肉的僵直、肉的成熟和肉的腐败三个连续变化过程。

（1）肉的僵直。畜禽屠宰后的胴体经过一段时间，肉的伸展性逐渐消失，由弛缓变为紧张，肌肉失去弹性、硬度变大、透明度消失、关节失去活性呈现僵硬的状态，称为肉的僵直。牲畜宰杀后开始很柔软，但是在宰后8~10小时开始僵直，并且可持续72~80小时。

动物死后的僵直过程可分为三个阶段：从屠宰后到开始出现僵直为止的肌肉弹性以非常缓慢的速度进展的阶段，称为迟滞期；随后的迅速僵硬阶段称为急速期；最后形成延伸性非常小的一定状态而停止的阶段称为僵直后期。

僵直的类型则由于动物宰杀前的状态不同，产生宰后不同的僵直类型，通常分为酸性僵直、碱性僵直、中间型僵直三类。

①酸性僵直：宰前保持安静状态，未经激烈活动的动物肌肉的僵直，僵直的迟滞期非常短，并因温度不同而肌肉的收缩程度有所差异，僵直最终 pH 值多在 5.7 左右。

②碱性僵直：宰前处于疲劳状态的动物宰后迟滞期、急速期均非常短，肌肉显著收缩。僵直结束时 pH 值几乎不变，仍保持中性，一般 pH 值在 7.2 左右。

③中间型僵直：宰前经断食的动物，屠宰后产生的僵直，迟滞期短，急速期较长，肌肉产生一定收缩，僵直结束时 pH 值为 6.3~7.0。

由于宰后肉通常是在低温下排酸（成熟）的，因此常在 0~4℃下冷却，有时会引起肌肉的显著收缩，称为寒冷收缩。这种收缩在 15~16℃ 时最轻微（牛肉 14~19℃、禽肉 2~18℃）。去骨的肌肉易发生冷收缩，硬度较大，带骨肉则可在一定程度上抑制冷收缩，猪的胴体，一般不会发生冷收缩。

解冻僵直：当含有较多 ATP 的肉冻结后，在解冻时由于 ATP 发生强烈而迅速的分解，使肌肉产生的僵直现象称为解冻僵直。解冻僵直产生的肌肉收缩非常剧烈，并伴随大量汁液流失，因而影响肉的品质。

僵直的解除：动物死后僵直达到顶点后，继续发生着一系列生物化学变化，逐渐使僵直的肌肉变得柔软多汁，并获得细致的结构和美好的滋味，这一过程称为自溶或解除僵直。解除僵直所需的时间因动物的种类、肌肉的部位以及其他外在条件的不同而有所差异。

在 2~4℃条件下，鸡肉需 3~4 小时达到僵直顶点，而解除僵直需 2 天，其他畜禽解除僵直需 1~2 天，而猪、马肉解除僵直需 3~5 天，牛肉需 7~10 天。

未解僵的肉持水性差、口感不好，加工肉馅时黏着性差。经解僵后的肉持水性提高、风味变佳，适于加工各种肉类制品。从某种意义上说僵直的肉只有经解僵后才能用于食用。

（2）肉的成熟。解僵后的肉硬度降低，保水性有所恢复，肉变得柔嫩多汁，具有良好的风味，最适于加工食用，这个变化过程即为肉的成熟。肉的成熟包括从糖原的分解到肉的尸僵、僵直的解除以及在组织蛋白酶作用下进一步作用的全过程。

成熟肉的主要特征表现在：

①胴体表面形成一层干涸薄膜，用手触摸，光滑微有沙沙声响；

②肉汁较多，切开时断面有肉汁流出；

③肉柔软具有弹性；

④肉呈酸性反应；

⑤具有肉的特殊香味。

肉的成熟对肉食用品质的改善作用主要有：

①嫩度改善：随着肉的成熟，嫩度产生显著的变化。刚屠宰之后肉的嫩度最好，在极限 pH 时嫩度最差，成熟肉的嫩度有所改善。

②肉保水性提高：肉在成熟时，保水性又有回升。一般宰后 2~4 天，pH 值下降，极限 pH 值在 5.5 左右，此时水合率为 40%~50%；最大尸僵期以后 pH 值为 5.6~5.8，水合率可达 60%。因此肉成熟时 pH 值偏离了等电点，肌动球蛋白解离，扩大了空间结构和极性吸引，使肉的吸水能力增强，肉

汁的流失减少。

③蛋白质的变化：肉成熟时，肌肉中许多酶类对某些蛋白质有一定的分解作用，从而促使成熟过程中肌肉中盐溶性蛋白质的浸出物增加。伴随肉的成熟，蛋白质在酶的作用下，肽链解离使游离的氨基增多，肉水合力增强，变得柔嫩多汁。

④风味的变化：成熟过程中改善肉风味的物质主要有两类，一类是 ATP 的降解物次黄嘌呤核苷酸（IMP），另一类则是组织蛋白酶类的水解产物——氨基酸。随着肉的成熟，肉中浸出物和游离氨基酸的含量增加，多种游离氨基酸存在，其中谷氨酸、精氨酸、亮氨酸、缬氨酸和甘氨酸较多，这些氨基酸都具有增加肉的滋味或有改善肉质香气的作用。

原料肉成熟温度和时间不同，肉的品质也不同（表3）。

表3　成熟方法与肉品质量

温度（℃）	成熟方法	成熟时间	肉质	耐贮性
0~4	低温成熟时间长	肉质好	耐贮藏	
7~20	中温成熟	时间较短	肉质一般	不耐贮藏
>20	高温成熟	时间短	肉质劣化	易腐败

通常在1℃、硬度消失80%的情况下，肉的成熟时间因动物种类不同而异，鸡肉需0.5~1天，猪肉需4~6天，成年牛肉需5~10天，羊肉和兔肉需8~9天。成熟的时间越长，肉越柔软，但风味并不相应地增强。牛肉以10℃、11天成熟为最佳；猪肉由于不饱和脂肪酸较多，时间长易氧化使风味变差；羊肉因自然硬度（结缔组织含量）小，通常采用2~3天

成熟。

影响肉成熟的因素主要有物理因素、化学因素和生物因素。

①物理因素：一是温度：温度对嫩化速率影响很大，它们之间呈正相关，在 0~40℃，每升高 10℃，嫩化速度提高 2.5 倍。当温度高于 60℃后，由于有关酶类蛋白变性，导致速率迅速下降，所以加热烹调就中断了肉的嫩化过程。据测试牛肉在 1℃完成 80%的嫩化需 10 天，在 10℃缩短到 4 天，而在 20℃只需要 1.5 天。在卫生条件好的环境中，适当提高温度可以缩短肉的成熟期。二是电刺激：在肌肉僵直发生后进行电刺激可以加速僵直发展，嫩化也随之提前，减少成熟所需要的时间。如一般需要成熟 10 天的牛肉，应用电子刺激后则只需 5 天。三是机械作用：肉成熟时，将跟腱用钩挂起，此时主要是腰大肌受牵引，如果将臀部用钩挂起，不但腰大肌短缩被抑制，而半膜肌、背最长肌均受到拉伸作用，可以得到较好的嫩度。

②化学因素：宰前注射肾上腺素、胰岛素等使动物在活体时加快糖的代谢过程，肌肉中糖原大部分被消耗或从血液排除。宰后肌肉中糖原和乳酸含量减少，肉的 pH 值较高，达 6.4~6.9 的水平，肉始终保持柔软状态。

③生物因素：基于肉内蛋白酶活性可以促进肉质软化考虑，采用添加蛋白酶强制其软化。用微生物和植物酶，可使固有硬度和尸僵硬度都减小，常用的有木瓜蛋白酶，可采用在宰前静脉注射或宰后肌内注射。木瓜蛋白酶的作用最适温度≥50℃，低温时也有作用。

（3）肉的腐败变质。肉中营养物质丰富，是微生物繁殖的良好培养基，如果控制不当，很容易被微生物污染导致腐败变质。在以微生物为主的各种因素作用下，由于所发生的包括肉的成分与感官性质的各种酶性或非酶性变化及夹杂物的污染，从而使肉质量降低或丧失食用价值的变化称为肉的腐败。如果说肉成熟的变化主要是糖酵解过程，那么肉变质时主要是蛋白质和脂肪的分解过程。肉在自溶酶作用下的蛋白质分解，称作肉的自溶；由微生物作用引起的蛋白质分解过程，称为肉的腐败；肉中脂肪的分解过程称为酸败。从动物屠宰的瞬间开始直到消费者手中的整个过程都有产生污染的可能。屠宰过程的胴体有多种外界微生物的污染源，如毛皮、土地、粪便、空气、水、工具、包装容器、操作工人等，腐败的肉完全失去了加工和食用的价值。

肉类腐败变质的原因：

健康动物血液和肌肉通常是无菌的，肉类的腐败实际上主要由于在屠宰、加工、流通等过程受外界微生物在其表面繁殖，微生物沿血管进入肉的内层，并进而伸入肌肉组织，在适宜条件下，进入肉中的微生物大量繁殖，以各种各样的方式对肉产生作用，产生许多对人体有害甚至使人中毒的代谢产物，引起食物中毒的发生。

影响肉类腐败变质的因素：

影响肉类腐败变质的因素很多，如温度、湿度、pH、渗透压、空气中的含氧量等。温度是决定微生物生长繁殖的重要因素，适宜的温度可使微生物繁殖发育很快。水分是仅次于温度决定肉类微生物生长繁殖的因素，一般霉菌和酵母菌比细菌耐受较高的渗透压。pH 对细菌的繁殖极为重要，所以肉的最终 pH 对防止肉的腐败具有十分重要的意义。空气中含氧量越高，肉的氧化速度加快，就越易腐败变质。

肉类腐败的外观表现：

腐败肉外面常表现为发黏、变色、腐臭味等。

①表面发黏：微生物在肉表面大量繁殖后，使肉体表面产生黏液状物质，这是微生物繁殖后形成的菌落和微生物分解蛋白质的产物。发黏现象多出现于冷却肉。在流通中当肉表面的细菌数达 5 000 万/平方厘米时就出现黏液。最初污染的细菌数越多，达到这种状态所需的日数越短；并且温度越高、湿度越大，越容易产生发黏现象。

②颜色变化：腐败肉的色泽变化通常是某些细菌所分泌的水溶性或脂溶性的黄、红、绿、紫、黑等颜色，最常见的颜色是绿色，见图 8。这是由于蛋白质分解产生的硫化氢与肉中的血红蛋白结合形成的硫化氢血红蛋白所致。另外黏质赛氏杆菌在肉表面产生红色的斑点，深蓝色假单胞菌产生蓝色，黄杆菌在肉表面产生黄色；而有些酵母菌则能产生白色、粉红色、灰色等。

③霉斑：肉体表面有霉菌生长时，往往形成霉斑，特别是一些干腌制品如金华火腿更为常见。枝菌和刺霉在肉表面产生羽毛状菌丝；白色侧孢霉和白地霉产生白色霉斑，见图9；扩展青霉、草酸青霉产生绿色霉斑；蜡叶芽枝霉在冷冻肉上产生黑色斑点。

④腐败味：肉类腐败后往往伴随一些不正常或难闻的气味。最常见的是肉类中蛋白质被水解所产生的腐败味，而另

图8 发绿发黏的腐败肉

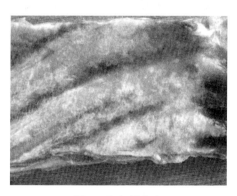

图9 白色霉斑肉

一些微生物则可作用于氨基酸和肽，将氨基酸氧化脱羧生成胺和相应的酮酸，有些则分解氨基酸生成吲哚、甲基吲哚、甲胺和硫化氢等。蛋白质在分解过程中产生的酪胺、组胺对人体有毒，而吲哚、硫化氢等则有恶臭，这是肉类变质、发臭的原因；还有在乳酸菌和酵母菌作用下产生酸败味。微生物对脂肪的作用是产生酸败味的另一重要原因，但肉中严重的酸败问题不只是由微生物所引起的，而是因空气中的氧，在光线、温度以及金属离子催化下进行氧化的结果。因此对环境条件的控制也是至关重要的。

控制肉腐败的方法：肉的腐败主要由微生物繁殖引起，肉组织中的各种酶也起到一定的催化作用，因此肉腐败的控制，主要是抑制微生物的生长和降低酶的活力。考虑到可加工性，采用的方法以避免引起原料肉理化性质的改变为宜，如蛋白质的变性等。

温度是决定微生物生长的重要因素，温度越高微生物生长繁殖越快，因此肉的成熟过程常采用低温操作。

防腐剂的使用可以有效地抑制微生物的生长，目前常采用乳酸链球菌素、乳酸钠等溶液的涂膜保鲜法。

辐射技术在食品保鲜中的应用也是非常方便、有效的方法，并经过多年的实验证明是安全可靠的。

加工及贮藏环境以及工人的卫生状况均会影响肉的腐败变质，操作中应严格按照车间卫生操作规程进行。生产过程中应采用 HACCP 控制体系、GMP 体系等一系列确保肉品质量的管理方法。

24. 何谓 PSE 肉和 DFD 肉？

（1）PSE 肉。肉在正常成熟过程中，为避免微生物繁殖，屠宰后胴体在 $0 \sim 4 \, ^\circ\!C$ 下冷却。当 pH 值在 $5.4 \sim 5.6$，温度也未达到 37~40℃时，肉在成熟中蛋白质不会变性。但有些猪死后的糖酵解速度却比正常猪进行得要快得多，在胴体温度还未充分降低时就达到了极限 pH 值，所以就会产生明显的肌肉变性，即动物宰后 30~45 分钟肉的 pH 值低于 5.8，肉会变得多汁、苍白，风味和保水性差，这种肉称为 PSE（Pale Soft Exudative 指苍白而软带渗出水）肉，也叫白肌肉，仅见于猪。其特征为肉色苍白、质地柔软、保水性差、肌肉切面有较多水渗出。出现这种现象的原因是糖原消耗迅速，致使猪体在宰杀后肉酸度迅速提高（pH 值下降）。当胴体温度超过 30℃时就使沉积在肌原纤维蛋白上的肌浆蛋白变质，从而降低其所带电荷及持水性。因此肉品随肌纤维的收缩而丧失水分，使肉软化。又因肌纤维收缩，大部分照射到肉表面的光线被反射回来，使肉色非常苍白，即使有肌红蛋白色素存在也不起作用。

白肌肉味道不佳，品质差，如果感观上变化轻微，可以食用，但不宜制作腌腊制品。如果有病变出现，应切除病变部位，其余部分加工后食用。

（2）DFD 肉。如果动物在宰后 24 小时肉的 pH 值仍高于6.2，肉会变得发暗、质地坚硬、风味差且易腐败，这种肉称为 DFD（Dark firm dry 指暗硬干）肉。其特征为色深、质硬、干燥。此种肉不影响食用，但因胴体不耐贮藏，不宜鲜售，可在加工后食用。

产生这种情况的原因是牲畜在宰杀前长时间处于紧张状态，使肌肉中糖原（能量）大量或完全耗尽，屠宰后就不再有正常能量可利用，使肌肉蛋白保留了大部分电荷和结合水，肌肉中含水量高，使肌原纤维膨胀，对光线反射而使肉呈深色。猪肉和牛肉都会出现 DFD 现象。

DFD 肉由于 pH 值较高，吸水性较强，在腌制加工和熟肉制品加工中水分损失较少，食盐渗透受到限制，加工性能差，腌肉色深，风味不良。因此不适合生产块状膜制包装的火腿、切片火腿、生肠和腌制品，适合生产肉汁肠、火腿肠、烤肉和煎肉。DFD 肉不影响食用，但因胴体不耐贮藏，因此不宜鲜销，可以加工后食用。

25. 如何区分健康肉与病死肉？

正常畜肉肌肉呈鲜红色，弹性好，具有光泽；皮肤微干而紧缩，肌肉坚实，不易撕开，用手指按压后可立即复原。病死畜肉肌肉色泽暗红或带有血迹，脂肪呈桃红色；肌肉松软，肌纤维易撕开，肌肉弹性差；全身血管充满了凝结的暗紫红色血液，无光泽。

健康畜禽肉的感官特征：健康猪肉皮肤平滑呈白色，禽肉皮肤呈淡黄色或白色。新鲜畜禽肉脂肪洁白，肌肉红色均匀，有光泽，外表微干或湿润，不粘手。用手指压在瘦肉上凹陷能立即恢复，弹性好，且具有鲜肉的正常气味。肉汤透明澄清，脂肪团聚于表面，具有香味。

病死禽类肉的感官特征是：皮肤呈不同的紫红色、暗黑色或铁青色；皮肤干枯，毛孔突起，拔毛不净；翼下或腹下小血管积血，极度消瘦；禽冠和肉髯呈紫红色或青紫色，有的呈黑紫色；眼部污秽不洁，闭眼，眼球下陷，嗉囊空虚有气体或液体。

健康畜禽肉宰口外翻，切面粗糙不平，周围血染较深；病死畜禽肉宰口不外翻，切面平滑，无血染现象。病死畜禽肉放血不良，肉呈暗红色或黑红色，切面可见一处或多处呈暗红色，并渗出血珠，脂肪呈暗红色。

健康家畜胴体和脏器淋巴结切面呈灰白色，无异常，病死畜胴体淋巴结通常肿大，切面呈暗红色、紫玫瑰色等。猪胴体可见皮肤及皮下组织呈不同病变。如猪囊虫肉：俗称"豆肉"，幼虫呈囊泡状，肉眼观察由小米粒大小至豌豆大小不等；猪瘟病肉：周身皮肤上，包括头和四肢皮肤上，可见有大小不一的针尖状出血点，肌肉中也有出血小点，全身淋巴结都呈黑红色，肾脏贫血色淡，有出血点；猪丹毒病肉：在颈部、背部、胸腹部甚至四肢皮肤上，可见呈方形、菱形、圆形及不规则形突出皮肤表面的红色疹块，俗称"打火印"；败血型丹毒病肉：可见病猪全身皮肤都是紫红色的。严重的猪丹毒病肉，全身脂肪灰红色或呈灰黄色，肌肉呈暗红色。

26. 如何鉴别注水肉？

一般采用眼看、手摸、鼻嗅、刀切、纸试5种方法鉴别。

眼看：正常鲜肉呈暗红色，色泽鲜明有光泽（图10）。注水肉呈淡红色，严重者泛白色（图11）。

触摸：正常鲜肉外表微干不粘手。有弹性，指压以后凹陷立即恢复。注水肉表面水分多滑手。注水肉指压后恢复慢并且恢复不全，指压后肉里面有大量水分渗出。

刀切：正常鲜肉新切面光滑，没有或很少汁液渗出。注水肉切面有明显不规则淡红色汁液渗出，切面呈水淋状。

闻气味：具有鲜肉各自特有的正常气味。注水肉则较正常鲜肉味淡且带有酸味或血腥味。

用纸试：正常鲜肉用卫生纸压下去后，放置50秒，待纸湿透后取下，然后用火点燃，如能完全燃烧的则是正常的肉品。如不能燃烧或燃烧不全的可判定为注水肉。

图10　正常牛肉　　　　　　图11　注水牛肉

几种注水肉的具体判断方法如下：

①注水猪肉：正常鲜猪肉，肌肉有光泽，红色均匀，脂肪洁白，表面微干；手触有弹性，有粘手感，切面无水流出，肌肉间无冰块残留。注水后的猪肉，肌肉缺乏光泽，表面有水淋淋的亮光，手触弹性差，亦无黏性。用刀切后，有水顺刀流出，用普通薄纸贴在肉面上，鲜猪肉有一定黏性，贴上的纸不易揭下；注了水的猪肉，没有黏性，贴上的纸容易揭下。

②注水牛肉：肌肉湿润，表面有水淋淋的亮光，血管周围出现半透明状的红色胶样浸湿，横切面可见到淡红色的肌肉。肌肉失去了弹性，用手指按下很难恢复原状，手触也没有黏性，用刀切开时，肌纤维间的水会顺刀口流出。

③注水鸡肉：富有弹性，用手一拍，便会听到"波波"的声音。仔细观察皮上有红色针点，周围呈乌黑色，用手指在鸡的皮层下一拍，明显感到打滑的感觉，用手摸会感觉到表面高低不平，好像长有肿块。

27. 变质肉有哪几种类型？

变质肉可分为酸败的肉、腐败的肉、变质的肉、氧化的肉、发红的肉、发蓝的肉、发光的肉、发霉的肉等几种类型。主要表现特征如下。

（1）酸败肉。酸败肉表现为肌肉组织暗淡无光，呈褐红色、灰红色或灰绿色，其变化是从肉深部往外变化，肉的弹性软化，肌肉深部有酸臭气味，具有强烈的酸性反应。硫化氢试验呈阳性反应，细菌学检验没有微生物。肉的酸性发酵轻微时，可将肉切成小块放置通风处，待气味消失后，修去变色部分，高温处理后可供食用。

（2）腐败肉。肉发生腐败可分解成各种简单化合物或单纯物质，如脂肪酸、硫化氢、氨、吲哚等有毒或无毒产物，同时还能分解出散发臭味的物质，如靛基质和粪臭素等。其特征是先从表面开始形成一层不洁的黏液，逐渐波及肉的深层，有气泡形成，肉表面呈绿色或暗灰色，肌肉组织松软无弹力，具有腐败臭味，呈强碱性反应。腐败肉除有蛋白质的分解产物外，还形成有机碱和细菌毒素。腐败肉对人的健康有危害，因此绝对禁止食用。

（3）变质的肉。变质肉的特征是外表覆有干黑的硬膜或黏液膜，摸之粘手同时还覆有霉层。切面发暗而湿润，轻度发黏，肉汁混浊。弹性减弱，指压凹陷复平缓慢。脂肪发暗，没有光泽，轻度粘手，有时生霉，发出轻度陈油气味。筋腱略有软化，无光泽，呈白色或淡灰色。关节面覆有黏液，滑液浑浊。骨髓脱离骨管壁，变软，模糊不清，呈污白色或灰色，断面无光泽变质肉不能继续保存必须经高温处理后食用。

（4）氧化的肉。一般经过冷冻的肉，如超过 8~12 个月的保藏期则开始出现氧化现象。其特征是在整个肉体表面或部分表面覆有一层暗黄色或淡黄色的风干硬膜。肌肉浅层呈淡黄色风干，切开风干膜呈暗褐色，切开皮下脂肪可见氧化面露出粉白色脂肪层，氧化的脂肪呈淡灰黄色无光泽，指压有泥泞感，微粘手稍有酸味或腐败气味。深层组织无味，指压复平慢，轻度氧化或局部氧化的肉经修复后不限制出售，严重氧化的须销毁。

（5）发红的肉。肉在贮藏过程中由于污染了灵杆菌（黏质赛氏杆菌）和其他色素形成菌而引起的一种斑点状发红现象。此种变化与卫生无碍引起这种变化的微生物不产生有害性物质还在肉的表面繁殖将其清除后可供食用。

（6）发蓝的肉。肉污染蓝色芽胞杆菌，在肉表面发育所引起的一种变蓝现象。这种变化也与卫生无碍，清除肉表面污染物后可供食用。

（7）发光的肉。肉由发光微生物（多半是磷光极毛杆菌）在其表面繁殖所引起的一种发光现象，常见于近海地点贮藏的肉上。该菌原在海水中生活，附着海产物而来在污染后引起发光现象。若有致腐败细菌繁殖导致肉品腐败时，磷光则消失。肉的发光变化同样与卫生无碍，清净表面变化部分后可供食用。

（8）发霉的肉。肉贮存于阴暗潮湿、温热和空气不流通的地方，可招致生霉现象。如青霉、毛霉、曲霉等霉菌在肉上特别容易生长繁殖，在肉表面形成白色细绒毛样的、白色或灰绿色苔样的、暗绿色甚至变成黑色圆形的菌落。很多霉菌加蜡叶芽枝霉、毛霉、枝霉等在-8～-7℃也能发育。发霉的肉，如不伴有腐败分解在除去表面霉菌层，经高温处理后可以食用。如霉菌已侵入深层，肉有霉败气味时，则不可供食用，应作工业用或销毁。

28. 如何鉴别变质肉？变质肉的快速鉴别怎么做？

（1）变质肉的鉴别。变质肉（不可食用）脂肪失去光泽，颜色呈灰黄色甚至变为绿色，肌肉暗红，外表极度干燥或粘手，新切面发黏，指压后陷窝不恢复，留有压痕，有臭味。煮后肉汤浑浊有黄色絮状物，脂肪极少浮于表面，肉汤有臭味。

①看色泽：新鲜的猪肉，肌肉有光泽，红色均匀，脂肪洁白或淡黄色或肌肉稍暗，脂肪缺乏光泽。若肌肉色暗，无

光泽，脂肪黄绿色则为变质肉。新鲜鸡肉，喙有光泽，干燥，无黏液；口腔黏膜呈淡玫瑰色，眼睛明亮，充满整个眼窝，皮肤表面干燥而紧缩，呈乳白色或淡黄色，稍带微红。变质肌肉，喙无光泽、潮湿、有黏液；口腔黏膜呈灰色，带有斑点，眼睛污浊，眼球下陷，表面湿润发黏，色暗。

②看黏度：新鲜的猪肉外表微干或有风干膜不粘手或外表干燥新切面湿润。若外表极度干燥或粘手，新切面发粘是变质肉。

③看弹性：在挑选新鲜的猪肉时，手指压后的凹陷立即恢复或指压后的凹陷恢复慢。若手指压后的凹陷不能恢复，留有明显痕迹多为变质肉。

④闻气味：在购买新鲜的猪肉时，猪肉具有该鲜肉的正常气味或稍有氨味。若有明显的臭味则为变质肉。

⑤看肉汤：新鲜的猪肉煮沸后，肉汤透明，澄清后脂肪团聚于表面，具有肉的香味或稍有混浊，脂肪呈小滴浮于表面。若肉汤混浊，有白色或黄色絮状物，脂肪板少，浮于表面，有臭味为变质肉。

（2）变质肉的快速鉴别。用化学方法可快速鉴别变质肉，步骤如下。

①样品处理：取 5 克无脂肪、无筋腱的肉样剪碎，用 50 毫升自来水浸泡 15 分钟，期间振摇 3~4 次，取上清液测定其 pH 值。

②测定原理和方法：由于酶和细菌的作用，肉在腐败变质的过程中，使蛋白质分解而产生氨以及胺类等碱性物质，统称为挥发性盐基氮，这类物质的增加，可使肉的酸碱度发

生改变。假设生活饮用水的 pH 值为 7.0，首先用酸度计测试并记录其 pH 值，再测试并记录样品浸泡上清液的 pH 值，通过 pH 值的大小来鉴定和计算。

A. 若测得饮用水的 pH 值大于 7.0 时，按下式换算样品酸碱度：

样品酸碱度=浸泡液 pH 值−（饮用水 pH 测定值−7.0）

B. 若测得自来水的 pH 值小于 7.0 时，按下式换算样品酸碱度：

样品酸碱度=浸泡液 pH 值+（7.0 −饮用水测定 pH 值）

③结果判定：

pH 值在 5.8 以下时常为未经过排酸（迅速冷却）处理的肉；5.8~6.4 为鲜肉；6.5~6.7 为次鲜肉；6.7 以上时为有问题的肉，当 pH 值大于 6.7 时，其肉体中的挥发性盐基氮一般都处于超标状态，对于 pH 值大于 6.7 的样品，可送实验室进行蒸馏、用标准酸液滴定挥发性盐基氮的具体含量。国家标准规定：鲜（冻）猪肉、牛肉、羊肉、兔肉中挥发性盐基氮应≤20 毫克/100 克。

29. 如何鉴别肉的种类？

各种肉的种类鉴别主要依据肉外部形态、气味、骨骼等方面的特征进行鉴别。

（1）牛肉、马肉、骆驼肉。牛肉、马肉、骆驼肉的外部形态、气味、骨骼等特征见表 4 ，依据这些特征可进行鉴别。

表 4　牛肉、马肉、骆驼肉的鉴别方法

	牛肉	马肉	骆驼肉
外部形态特征	肌肉呈红色或微棕红色；肌纤维较细，肌肉断面有颗粒感，但不如马肉明显；质地坚实，嫩度较低。脂肪组织呈白色或浅黄色，蜡块样，搓揉时易碎散；肌间脂肪明显。	肌肉呈红色、棕红色或咖啡色，空气中放置时间长时色渐变暗；肌纤维较牛肉粗，肌肉断面有明显颗粒；质地松软，韧性较差，嫩度较好。脂肪呈黄色，质地柔软，搓揉时稍有熔化和黏腻。肌间脂肪不明显。	肌肉呈淡红色，较牛肉色浅；随放置时间延长颜色变化不大，肌肉手感细腻。脂肪组织呈乳白色，骆驼皮下脂肪层 1 厘米左右，而牛、马的皮下脂肪层不显著。
气味	具有牛肉特有的气味。	具有马肉特有的微酸气味。	煮熟后口感发酸，香味不如牛肉浓郁。
骨骼特征	牛颈宽而肥厚，表层无脂肪。有 13 对肋骨。	马颈长而狭窄，表层覆有脂肪。有 18 对肋骨。	—
淋巴结	牛的淋巴结是单个完整的，切面往往呈灰褐色。	由多个不同大小的淋巴结连续成大的淋巴结团块，切面呈灰白或黄白色。	—

（2）牛肉、马肉的快速鉴别法。取一小块肉或脂肪，用打火机烧烤，让其熔化出油滴，滴入凉水中，如果油滴在水面上呈蜡样的白色凝结片，则为牛肉；如果油滴在短时间内不凝结而浮在水面呈透明的油珠，则为马肉。也可以取脂肪一块，置于 37~40℃ 的热水中，观察是否熔化。熔化者，样品为马肉；不熔化者，样品为牛肉。

（3）绵羊肉、山羊肉、狗肉、猪肉和兔肉。绵羊肉、山羊肉、狗肉、猪肉和兔肉的外部形态、气味、骨骼等特征见表 5，依据这些特征可进行鉴别。

表5　绵羊肉、山羊肉、狗肉、猪肉和兔肉鉴别方法

	绵羊肉	山羊肉	狗肉	猪肉	兔肉
外部形态特征	肌肉呈淡红色或暗红色，质地较结实，纤维细，肉质好，肌间脂肪少。脂肪纯白色或微黄质，质坚硬而脆，搓搓时易碎散不黏腻。	肌肉较绵羊肉色深呈暗红色，质地结实，纤维较绵羊肉粗，肌间脂肪少。脂肪白色或微黄色，质坚硬而脆，多蓄积于腹腔，皮下脂肪少。	肌肉呈深红色或砖红色，纤维细，肌间杂有少量脂肪。脂肪白色或灰白色，质地柔软而黏腻。	肌肉呈红色或暗红色，肌纤维细软，肌间杂有丰富的脂肪。脂肪白色，呈软膏状，搓揉有黏腻感。	肌肉淡红色或红色，肌纤维细而松软，肌间少脂肪。脂肪为黄白，仅见于体腔内。
气味	具固有的膻味。	具固有的膻味。	具不愉快气味。	具固有气味。	—
骨骼特征	颈部细、短而肥，腿短而细。绵羊肋骨窄而细短。	颈部粗，腿长而粗。绵羊肋骨宽、粗、长。	羊有6个腰椎，狗有7个。羊胫骨由1块骨头组成，狗由2块组成。	猪胸椎为14～17个，狗为13个。	—

30. 如何鉴别公、母猪肉？如何鉴别含"瘦肉精"猪肉？

（1）公母猪肉鉴别。气味检查：一般公猪的唾液腺、腮腺、脂肪、阴囊等部位气味明显，有臊味和毛腥味。

皮肤检查：未阉割的公、母猪和晚阉割的猪肉皮肤厚而硬，毛孔粗，多皱褶，缺乏弹性。公猪颈部和肩部皮肤特别厚。母猪皮厚色黄，毛孔深，皮肉结合处疏松，皮肤上有少量斑点。

脂肪检查：公、母猪肉皮下脂肪较少，质地较硬，无油腻光亮感，皮肤与脂肪间无明显界限。公猪背部脂肪特别硬。母猪皮下脂肪呈青白色，皮与脂肪之间常见有一薄层呈粉红色，俗称"红线"。

肌肉检查：公母猪肉肌纤维较粗，肌纤维长，纹路明显，肌肉断面颗粒大，结缔组织多，无弹性，也无黏性。公猪的肉色苍白，母猪的肉呈深红色。

骨骼检查：公猪的前五根肋骨较正常育肥的猪宽而扁；母猪的前五根肋骨扁而宽，骨头白中透黄，粗糙老化，骨盆腔较宽阔。

乳头检查：母猪的乳头粗、长而硬，皮肤粗糙，乳腺孔特别明显，乳腺组织发达呈海绵状。有的虽萎缩，但有丰富的结缔组织填充。甚至有的尚未完全干乳，切开时可流出黄白色乳汁。

（2）"瘦肉精"猪肉鉴别。目前我国培育出的瘦肉型猪，靠的是引进优良品种，合理搭配饲料和科学的管理手段，所以瘦肉型猪与使用"瘦肉精"提高瘦肉率的瘦肉精猪是两个概念，不能混为一谈。对于消费者来说，在没有简易、快速的仪器鉴别方法的情况下，只能从感官上识别。一般健康的瘦猪肉是淡红色，肉质弹性好，而喂过大量"瘦肉精"的猪肉外观特别鲜红，且瘦肉纤维比较疏松，脂肪异常稀薄，时有少量"汗水"渗出肉面。

31. 冷冻肉有储藏期限吗？

冷冻肉也有储藏期。冷冻肉的储藏温度与储藏期关系见

表 6。在相同贮藏温度下，不同肉品的储藏期大体上有如下规律：畜肉的冷冻储藏期大于水产品；畜肉中牛肉储藏期最长，羊肉次之，猪肉最短。

表 6 冷冻肉类的贮藏条件和时间

类别	冰冻点	温度（℃）	湿度（%）	期限（月）
牛肉	-1.7	-23~-18	90~95	9~12
猪肉	-1.7	-23~-18	90~95	4~6
羊肉	-1.7	-23~-18	90~95	8~10
兔肉	-1.7	-23~-18	90~95	6~8
禽类	-	-23~-18	90~95	3~8

进行冷冻室的食最好不要反复冻融，因为冷冻又解冻会破坏细胞结构，增加腐败的机会，也影响肉品的风味。

32. 牦牛肉与黄牛肉营养成分有哪些区别？

牦牛肉中营养价值较全面均衡，与本地黄牛肉相比，干物质含量高 5.94 克/100 克（$P < 0.01$），脂肪含量低 0.49 克/100 克（$P < 0.05$），蛋白质含量高 1.24 克/100 克（$P < 0.05$），灰分含量高 0.12 克/100 克。因此，牦牛肉是一种高蛋白质、低脂肪，富含矿物质的优质肉类资源。

据研究资料，牦牛肉中不饱和脂肪酸含量比中国西门塔尔牛肉高 4.1%，含有功能性作用的多不饱和脂肪酸（PU-FA），如 γ-亚麻酸、α-亚麻酸、二十碳五烯酸（EPA）、二十二碳六烯酸（DHD 俗称脑白金）的含量均极显著高于中国西门塔尔牛肉。

33. 为什么同年龄的黄牛肉会比牦牛肉嫩？

嫩度是肉的主要食用品质之一，它是消费者评定肉质优劣的最常用指标，是主导肉质的决定因素和重要的感官特征，肉的嫩度是一种综合感觉，是肌原纤维蛋白和结缔组织蛋白（胶原）物理及生化状态的反映。

嫩度与肌肉组织结构，如肌纤维密度、肌纤维直径、肌纤维面积有密切的关系，肌纤维直径越粗，嫩度越差。同年龄相同处理条件下，黄牛肉较牦牛肉更嫩，主要是由于牦牛肉的肌纤维较黄牛肉更粗。

34. 羊肉的主要营养物质及功效有哪些？

羊肉的营养成分随着羊年龄不同、所处地域不同、品种不同、饲草料结构不同而有所差异。

（1）蛋白质及氨基酸。蛋白质是生命的基础物质，是构成细胞的基本有机物，动物机体中的每个细胞和所有重要组成部分都有蛋白质参与，可以说没有蛋白质就没有生命活动的存在。羊肉的粗蛋白质含量（12.8%～18.6%）介于牛肉（16.2%～19.9%）和猪肉（13.5%～16.4%）之间。蛋白质由氨基酸组成，氨基酸的种类和含量是决定蛋白质营养价值的主要因素，也是评价一种食物蛋白质优劣的根本。羊肉中的赖氨酸、精氨酸、组氨酸含量都高于牛肉、猪肉、鸡肉。

据德庆卓嘎资料，西藏多玛绵羊羊肉中的 8 种必需氨基酸总体含量都比较高，氨基酸总量平均为 19. 33g/100g，其中必需氨基酸总量为 9. 82g/100g，占氨基酸总量的 50. 8%，非必需氨基酸总量为 9. 51g/100g，占氨基酸总量的 49. 2%，根据 FAO/WHO 的理想模式，质量较好的蛋白质其必须氨基酸总量与氨基酸总量之比（EAA/TAA）为 40%左右，因此多玛绵羊肉中蛋白质属于优质蛋白质。张玉珍等研究显示，藏羊、滩羊、小尾寒羊、波德代与蒙古羊杂交 F1 代、陶赛特与蒙古羊 F1 代、当地蒙古羊、凉山半细毛羊改良羊等羊肉中必须氨基酸总量与氨基酸总量之比分别为 37%、39%、39%、42%、42%、38%和 46%。可见羊肉中的氨基酸符合 FAO/WHO 的评价标准，并接近于理想模式，因此说羊肉是优质的蛋白质食品。人对羊肉的消化率亦高，一些国家把羊肉列为上等食。羊肉中氨基酸组成中谷氨酸含量最高，一般占总氨基酸的 12%~15%，其次为天门冬氨酸和必需氨基酸亮氨酸和赖氨酸，三者占到总氨基酸的 21%~25%，胱氨酸含量最低，仅占 0. 6%~1%。丰富的谷氨酸大大增加了羊肉的鲜味和香味，天冬氨酸能调节脑和神经的代谢功能，对心肌有保护作用，可降低血液中氮和二氧化碳的量，增强肝脏功能，帮助恢复疲劳。赖氨酸为第一限制性氨基酸，能促进人体发育、增强免疫功能，并有提高中枢神经组织功能的作用。亮氨酸的作用是与异亮氨酸和缬氨酸一起合作修复肌肉，控制血糖。因此说，羊肉具有"暖中补虚、补中益气"，"能补有形肌肉之体"的功效。

（2）脂肪。脂肪具疏水性和松散性，可很好地保持肉中水分，因此是决定肉多汁性的最主要因素。当肉中脂肪含量过低时肉质明显粗糙，过高又有油腻感，适度的脂肪可改善肉的多汁性、口感以及增进嫩度。国内外研究者均认为较理想的肌内脂肪含量为 2%~3%。羊肉的脂肪呈纯白色，硬度大，熔点高，粗脂肪含量（16%~37%）低于猪肉（25%~37%）高于牛肉（11%~28%）。羊肉脂肪中含有一种特殊的挥发性脂肪酸，致使羊肉存在一种特有的膻味，一般情况下绵羊比山羊膻味小，羯羊比公羊膻味小。脂肪即能量物质，因此，羊肉可治"虚劳寒冷"。

（3）微量元素。羊肉中矿物质含量丰富，是人类理想的微量元素来源。羊肉中的微量元素因其生长环境、饲养条件不同而有着很大差别。如用土壤中富含某种矿物质的地区生长的饲草喂羊，其肉中也会较多的屯积此种微量元素。王金文（2005）报道的草地藏系绵羊周岁母羊肉中各矿物质的含量范围分别是：钙 81.08~95.47 毫克/千克，镁 256.03~274.93 毫克/千克，铜 2.28~3.46 毫克/千克，铁 71.32~127.76 毫克/千克，磷 1 400~2 800 毫克/千克。施阳阳报道的凉山半细毛羊改良羊和布拖黑绵羊肉钙的含量分别为 340 毫克/千克和 220 毫克/千克，超出了草地藏系绵羊周岁母羊的含量，镁、铜、铁和磷的含量均比草地藏系绵羊肉高。一般羊肉中钙、镁、铁、磷、铜、锌、硒的含量分别为 13.0 毫克/100 克、18.7 毫克/100 克、1.0 毫克/100 克、173 毫克/100 克、0.1 毫克/100 克、2.1 毫克/100 克、322 微克/千克，其中钙和硒含量比牛肉高。羊肉中的矿物质元素对人体健康有着非常重要的作用。例如离子态的钙可促进凝血酶原转变为凝血酶，使伤口处的血液凝固；少儿缺钙会患软骨病，中老年人会出现骨质疏松症；铁元素是合成血红蛋白的重要原料，是体内某些酶的必需成分和激活剂，具有解毒和维护机体正常免疫能力的作用，还可抗癌、防癌；锌是人体许多重要酶的组成部分，能促进生长发育与组织再生。硒作为天然解毒剂、抗癌剂，既有控制多种致癌物质的致癌作用，又能及时清理自由基使其不能损坏细胞膜结构而趋向癌变，起着"清道夫"的作用。因此说羊肉能"治五劳七伤"，经常食用，可提高人体免疫力。

（4）其他营养成分。据中国农业科学院农产品加工研究所研究成果介绍，羊肝含水分69%，蛋白质18.5%，脂肪7.2%，碳水化合物3.9%，维生素A 2900国际单位，硫胺素0.42毫克/100克，核黄素3.75毫克/100克，尼克酸18.9毫克/100克，抗坏血酸17毫克/100克。羊肝性干苦、凉，具有益血、补肝、明目之功效。羊心含蛋白质11.5%，脂肪8.6%，中医学认为其有补心、解心气郁滞等功效。羊肚即羊的胃脏，富含蛋白质、脂肪、水分、维生素B_1、维生素B_2、钙、磷、铁等，性温，能补虚，健脾胃，对虚劳赢瘦，食欲不振、盗汗尿频等病症有疗效。营养学上通常将每100克食物中胆固醇含量低于100毫克的食物称为低胆固醇食物，每100克食物中胆固醇含量为100~200毫克的食物称为中度胆固醇食物，而将每100克食物中胆固醇含量为200~300毫克的食物称高胆固醇食物。据刘莉敏（2016）报道，母绵羊肉胆固醇显著高于公羊和去势羊，山羊显著高于绵羊。羊肉中胆固醇含量为70毫克/100克左右，对心血管病有较好的预防作用。各畜禽肉胆固醇含量由大到小依次为：猪126

毫克/100 克、牛 106 毫克/100 克、鸡肉 60~90 毫克/100 克、山羊 69.60 毫克/100 克、兔肉 65 毫克/100 克、绵羊 54.77 毫克/100 克、驴 47.88 毫克/100 克、鹿 43.63 毫克/100 克、骆驼 41.57 毫克/100 克、马 41.17 毫克/100 克。因此，除了猪肉和牛肉外，绵羊肉和山羊肉等其他畜种均属于低胆固醇食物，但山羊肉胆固醇含量显著高于绵羊肉。

35. 构成羊肉的风味物质有哪些？

羊肉具有鲜、香及特有的风味，是我国传统的食药两用、营养丰富的肉类食品，但其特有的膻味令少部分消费者难以接受。食物的风味是由食物刺激味觉、嗅觉等感觉器官而形成的特定感觉，包括滋味和香味。据研究，滋味来源于肉中的滋味呈味物质，主要是无机盐、游离氨基酸、小肽和核酸代谢产物，如肌苷酸、核糖等非挥发性水溶性物质；香味是多种成分综合作用的结果，主要由肉中香味前体物在加热时发生分解、氧化还原反应产生的物质，如不饱和醛、酮、含硫化合物以及一些杂环化合物。

（1）氨基酸。肉的风味会受到蛋白质中呈味氨基酸的影响。据报道，与肉风味相关的氨基酸有酪氨酸、谷氨酸、苯丙氨酸、缬氨酸、丝氨酸、组氨酸、蛋氨酸和异亮氨酸。呈味氨基酸又分为呈甜味氨基酸（甘氨酸、丙氨酸、苏氨酸、丝氨酸和脯氨酸）和呈鲜味氨基酸（天冬氨酸和谷氨酸）。在羊肉蛋白中，含量最高的氨基酸为谷氨酸，其次为天冬氨酸，此两种氨基酸决定了羊肉的鲜香味美，使羊肉成为北方大多数人春秋冬季的时令美食。

（2）香味化合物。据资料，在动物肉中已发现有1 000多种挥发性风味物。在羊肉已发现的挥发性香味物质有10种醛、3种酮和1种内酯，主要包括烷烃、醛、酮、醇、内酯及杂环化合物，并且3，5-二甲基-1，2，4-三硫杂戊烷对羊肉的香味贡献较大，其次，有较高浓度的烷基取代杂环化合物，2-戊基吡啶是香味的候选成分。研究发现羊肉香味的主体成分是羰基化合物及C8-C10的不饱和脂肪酸，而羊脂肪的甲基支链饱和脂肪酸（如4-甲基辛酸、4-乙基辛酸、4-甲基壬酸等）是形成羊肉特殊风味的主要贡献物质。也有学者指出，羊脂中的挥发性烷基酚如甲基酚类对羊肉风味有很大的贡献，酚类与支链脂肪酸的混合物可以产生典型的特征性风味。

（3）致膻化合物。据资料，羊脂肪中脂肪酸包括8~10个碳原子的BCFA，这些脂肪酸对熟羊肉的特征气味有非常强的贡献作用，其中4-甲基辛酸和4-甲基壬酸被鉴定为重要的脂肪酸。国外学者研究发现，羊肉致膻的主要化学成分为C6、C8和C10低级脂肪酸，其中C10对羊肉膻味起主要作用。羊肉膻味不但由脂肪中的短链脂肪酸造成，而且也与硬脂酸的含量有关。某些脂溶性物质在膻味形成中发挥着重要的作用，已从羊的皮下脂肪中鉴别出51种与羊肉风味有关的化学物质，其中有14种与膻味有直接关系。据报道，存在于脂肪中的挥发性烷基苯酚对羊肉风味贡献大于其他化合物，涉及的烷基苯酚包括甲基苯酚和异丙基苯酚；BCFA与苯酚的混合物产生一种圈养羊的羊肉气味；同时还发现高浓度的硫苯酚产生特殊的焦硫气味，因此使羊肉的膻味加重。研究还发现绵羊脂肪特殊风味与 2-异丙基酚、3，4-二甲基酚、百里酚、甲基异丙基酚及 3-异丙基酚有关。山羊的膻味与 4-甲基辛酸、4-甲基癸酸等甲基侧链的脂肪酸有关，公山羊的膻味可能与高浓度的噻吩有关。

在羊肉、牛肉、猪肉及海产品的挥发性物质组成中已鉴别出近 1 100 种化合物，可见影响肉品的风味物质很多。

36. 禽肉的营养价值如何？

禽肉通常指鸡、鸭、鹅肉，此外还有鸽和野禽肉等。它们和牛肉、猪肉比较，其蛋白质的质量较高，脂肪含量较低。此外，禽肉蛋白质中富含全部必需氨基酸，其含量与蛋、乳中的氨基酸谱式极为相似，因此为优质的蛋白质来源。

从营养价值来分析，一般禽肉蛋白质含量均为 20% 左右，脂肪熔点为 33~44℃，较畜肉低，易于消化吸收，其中含有的亚油酸占脂肪酸总量的 20%，是一种重要的人体必需脂肪酸。鸡肉每百克含钙 13 毫克、磷 190 毫克、铁 1.5 毫克等，鸡肉也含有丰富的维生素 A，尤其小鸡鸡肉特别多，另还含有维生素 C、维生素 E 等。鸡肉不但含脂肪量低，且所含的脂肪多为不饱和脂肪酸，为小儿、中老年人、心血管疾病患者、病中病后虚弱者理想的蛋白质食品。鸡肉每百克含有水分 74%、蛋白质 23.1%、脂肪 1.2%、无机盐 1.4%；鸭肉每百克含有水分 77%、蛋白质 16%~22%、脂肪 7%、无机盐 0.9%；鹅肉每百克含有水分 77%、蛋白质 16%~20%、脂肪 11%、无机盐 0.9%；鸽肉每百克含有水分 64%、蛋白质

23%、脂肪 11%、无机盐 1.5%；火鸡肉每百克含有水分56%、蛋白质 21%、脂肪 23%、无机盐 1%。

禽肉不但营养丰富，而且肉质细嫩、味道鲜美，易消化吸收。这是由于禽肉中结缔组织较少、较柔软，脂肪分布均匀等因素所致。禽肉的含氮浸出物就同一种禽类而言，幼禽肉的含氮浸出物较少，老禽肉的较多，所以幼禽肉的汤汁不如老禽肉汤汁鲜美，因此人们喜欢用老母鸡煨汤。鸽肉中蛋白质含量较高，营养作用与鸡肉相似，但比鸡肉更易消化吸收，因此民间有"三鸡不如一鸽"或"一鸽胜九鸡"之说。

37. 如何使肉变得更嫩？

（1）机械嫩化法。肉类嫩化器和滚揉工艺，是常用的嫩化方法。嫩化器是通过机械上许多、锋利的刀板或者尖针压迫肉体，由于机械力的作用，肌纤维细胞和肌间结缔组织被切断、打碎，肉的正常结构被破坏，改变了肌肉组织的性能，增大肉的表面积，使肉的黏着性提高，提高肉的持水性，从而达到嫩化的目的。滚揉是西式火腿加工中的重要工序，是把经过腌制的肉块，采用滚揉机进行滚揉，使肌肉组织发生改变。滚揉工艺一是使盐加快分散及均匀分布，二是使肌溶蛋白浸提出来，三是使肌纤维断裂，从而起嫩化作用。

滚揉条件通常是在 4~5℃条件下，通过正转 15 分钟—反转 15 分钟—间歇 30 分钟的程序滚揉 18~24 小时。机械嫩化技术，主要用于质量等级较低肉的高档部位（肋条肉和腰肉）以及较高档肉的较老部位（牛颈肉、牛大腿肉、健子肉）。机械嫩化可使肉的嫩度提高 20%~50%，而且不增加烹调损失。

（2）电刺激嫩化法。电刺激嫩化法是将电极与屠宰后屠体头尾相接进行电流刺激，使肌肉收缩的能量从肌肉中耗尽，肌肉纤维松弛状态而感觉柔嫩。研究发现，550~700 伏，5 安的电流刺激是最佳的处理方式，需经过 17 次刺激，每次 1~3 分钟才能把所有引起肌肉收缩的能量耗尽。

（3）自然低温熟化法。自然低温熟化法是将屠宰的新鲜肉放在温度较低湿度大约 85%的冷却室友冷却一段时间，使肉变得柔嫩多汁、风味增加。这种方法即肉类加工业常说的产酸后熟。

（4）高压嫩化法。试验表明，3 000 帕以上大气压的压力，可起到灭菌、抑菌的效果，并且不破坏食品的特色及营养成分。对于粗糙质硬的肉类，采用真空包装后，放入特制的容器中，将水注入，将压力提高到 73 237.68 千克/平方米，2 分钟后，去掉压力，在显微镜下可见肌纤维等均发生断裂，肌纤维呈碎片，肉质得到嫩化。

（5）化学嫩化法。化学嫩化法在工厂化应用较多，主要有酶嫩化法、多聚磷酸盐嫩化法、钙盐注射嫩化法，以及动物在宰前注射胰岛素、肾上腺素等方法。

38. 原料肉中可能会存在哪些危害物质？

危害是指一切可能造成食品不安全消费，引起消费者疾病和伤害的生物、化学和物理特性的污染。原料肉中危害人的健康和安全的有毒有害物质有以下三大类：第一，生物类有毒有害物质，主要包括病原微生物、微生物毒素及其他生物毒素；第二，化学有毒有害物质，包括残留农药、过敏物质和其他有毒有害物质，如二噁英等；第三，物理性有害物质，主要指沙石、毛发、铁器和放射性残留等。其中以前两类有毒有害物质较为常见，危害性也较为显著。

（1）生物类有毒有害物质。食品中的生物性危害主要是指生物（尤其是微生物）本身及其代谢过程对食品原料、加工过程和产品的污染，这种污染对食品消费者的健康造成危害。生物性危害可分为三种类型：即细菌危害、病毒危害和寄生虫危害。

①细菌危害：细菌危害能导致食物传染或食物中毒。下面介绍几种与食品有关的细菌病原体的主要特性及一般控制条件，如果这些细菌被控制，那么其他病原菌同样可以被控制。

A. 肉毒梭菌　肉毒梭菌为厌氧菌、孢子形成杆菌，可产生强效力的神经毒素，显著的特点是它的孢子抗热性强及分布广泛。肉毒梭菌的繁殖体抵抗力不强，但芽孢有很强的耐热力，是病源菌中耐热力最强的，需100℃60分钟或120℃4分钟方可杀死。肉毒梭菌的繁殖和毒素的产生，必须具备缺氧条件，生长的最低pH值为4.7，可有效地抑制肉毒梭菌生长。毒素在正常胃液中24小时不被破坏，但碱和热易使其破坏，加热80℃或煮沸5分钟可破坏其毒素。下列条件单一或结合使用可以控制该菌的生长：pH值<4.6；Aw（水活性值）≤0.94；5%~10%盐浓度，亚硝酸盐和盐结合使用；其他防腐剂；温度控制（冻藏/冷藏）和生物控制（如产品接种乳酸

菌）等。

B. 变形杆菌　变形杆菌属的细菌是革兰氏阴性菌，无芽孢杆菌，为兼性厌氧菌，但在厌氧环境中发育不良，适宜生长温度为 30~37℃。该属细菌在自然界分布极广，一般不能引起人生病。肉类污染该菌后，在适宜条件下易迅速繁殖，人吃了严重污染的熟肉类，可引起痢疾样感染症状。

C. 志贺氏菌（痢疾杆菌）　人是志贺氏菌的唯一带菌者。志贺氏菌为革兰氏阴性杆菌，需氧或兼性厌氧，对营养的要求不高，最适宜温度为 37℃，最适宜 pH 值 6.4~7.8，各菌株能产生强烈的毒素。志贺氏菌对化学消毒剂都很敏感。引起志贺氏菌的食肉中毒的原因是直接接触肉制品的人员为痢疾病患者或带菌者。熟肉制品被他们污染后，在适宜的温度下，细菌大量繁殖，临食用前又未经充分加热，就可能发生中毒。

D. 沙门氏菌　沙门氏菌常存在于生的动物食品中，由该菌所引起的食物中毒事件最多。沙门氏菌分布很广，为革兰氏阴性的短杆菌，为兼性厌氧菌。菌体最适生长温度为 37℃，但在 18~20℃时也能繁殖，在清洁手指上约生存 10 分钟，在pH 值 4.5 以下被抑制，煮沸立即死亡。70℃水经 5 分钟可被杀死，在含盐量 12%~19% 的鲜肉中可生存 75 天。

沙门氏菌通过常规的巴氏灭菌过程可以被杀灭，它是通过加工原料、产品或产品汁液接触污染而传播的。人感染沙门氏菌后会出现恶心、呕吐、腹痛、腹泻、发烧等症状，症状会持续 3~12 天。

E. 炭疽杆菌　炭疽杆菌能引起多种动物的急性发热性传

染病。人感染此病以职业性感染为主，多由芽孢感染，但也有血流中的活菌直接感染的。人的炭疽多半表现为局部感染的皮肤炭疽，也有吸入感染的肺炭疽，多见于和病畜、死畜接触的人员。如兽医、牧民、屠宰工人，以及从事皮革、鬃毛加工的工人，甚至使用被芽孢污染的用具，也可造成感染。现已证实炭疽芽孢在一般烹调烧煮和制作香肠的情况下是不可能杀死的，故潜在的危险很大。

F. 牛型结核菌　牛型结核病是人和多种家畜共患的一种慢性传染病，在屠宰牲畜中，最常见于牛，其次是猪。人的牛型结核主要是接触畜产原料，特别是饮用生乳所感染。所以病牛的牛乳是危险的，但巴氏消毒法可以解决很大问题。病畜的肉当然也有威胁，目前有些国家对结核病牛肉采用全部废弃的处理措施。

②病毒危害：病毒属专性胞内寄生物，在食品中处于不活跃状态，也不能繁殖。但病毒可以通过粪—口途径直接或间接地传播到食品中。食品中的病毒，如甲型肝炎病毒，感病个体分泌该病毒于粪便中，并通过粪—口途径污染水或食品。以食品为媒体的病毒传播能通过防止粪便污染和食用前加热食品的方法避免。

甲肝病毒是一种极其微小的可通过粪—口途径传播的病毒。开始时病毒寄生于患者鼻子中，生长阶段15～50天，平均28～30天。在患病症状出现前10～14天可在粪便中查出，因此，患病者在发病之前已被感染。控制和预防甲性肝炎的关键在于切断污染源，如搞好个人卫生、保持环境清洁、杜绝污染源，勤洗手对防止甲型肝炎十分重要。

③寄生虫危害：寄生虫为寄生在活动物体内的有害生物，也是食品中重要的生物危害。原料肉中常见的寄生虫有猪囊虫、牛囊虫、旋毛虫、扁虫、绦虫和血吸虫等。寄生虫主要通过带病的新鲜猪肉、牛肉、食品的消费侵入人体。

A. 囊虫　病原体在牛为无钩绦虫，在猪为有钩绦虫，牛、羊、猪是绦虫的中间宿主，其幼虫在猪和牛肌肉内形成囊尾蚴。猪囊虫肉眼可见，为白色、绿豆大小、半透明的水泡状包囊，受感染的猪肉一般成为"米猪肉"，牛囊虫需经放大才能看到。预防绦虫病的措施是加强肉品兽医卫生检验，肉制品加工厂和消费者应购买经兽医卫生检验合格的原料肉。

B. 旋毛虫　病原体为旋毛虫，是一种很小的线虫，一般肉眼不易看出，多寄生于猪、狗体内。主要寄生部位为膈肌、舌肌和心肌，而膈肌最常见。人患旋毛虫病在临床诊断和治疗上较困难。因此，应加强肉品的兽医卫生检验，做好预防工作。

（2）化学危害。食品的化学危害，是指有毒的化学物质污染食品而引起的危害。化学污染对消费者的影响分慢性和急性两种，慢性化学污染物（如汞）能在体内积累许多年而导致病变，急性如过敏性食品影响等。食品的化学危害包括：天然毒素、农药残留、兽药残留、金属、过敏性物质、有毒金属元素、增塑剂和包装迁移、添加的化学物质。

①天然毒素：

A. 葡萄球菌毒素　葡萄球菌毒素为毒素性中毒，引起食物中毒的葡萄球菌都能产生肠毒素，肠毒素直接作用于胃肠黏膜引起胃肠炎病变。潜伏期最短为1小时，一般为2~6小时，平均为 3 小时左右。

食品加工过程中患化脓性皮肤病的工人通过手的污染，患有鼻炎和鼻咽炎的加工人员通过打喷嚏污染等。所以，凡从事食品加工的工人必须无化脓性皮肤病。对怀疑被葡萄球菌肠毒素污染的食品，必须重新加热 100℃ 60 小时或 120℃ 20 小时。

B. 肉毒毒素 肉毒梭菌在适宜条件下形成外毒素（肉毒素）。它是现今已知的化学毒物及细菌毒素中最厉害的一种，口服 0.0001 克即 0.1 毫克，就可以致命，其毒力比氢化钾还要大 1 万倍。引起毒素中毒的原因是食品在加工运输和保存过程中被肉毒梭菌所污染，并在较高的温度、不高的渗透压和酸度，以及严格的条件下繁殖，形成不良消化液所破坏的神经麻痹性外毒素，在食用前又未进行彻底的加热处理，而发生肉毒中毒。

②农药残留：包括有机氯杀虫剂、有机磷杀虫剂、氨基甲酸酯类杀虫剂、拟除虫菊酯类农药、多菌灵灭菌剂和有机汞、有机砷灭菌剂等农药的残留。这些化学物质应用十分广泛，给消除其危害带来许多的困难。

③兽药残留：兽药残留的来源主要是两种：饲料中加入兽药、添加剂或生长素；牲畜治病过程中残留在牲畜体内，在屠宰时没过休药期。

兽药残留的种类主要为：抗生素（四环素、土霉素、金霉素、青霉素、庆大霉素、链霉素、红霉素、氯霉素）；其他兽药〔有机砷（以砷元素计）、阿维菌素、磺胺类（磺胺砒啶、磺胺嘧啶、磺胺噻唑、磺胺二甲嘧啶、磺胺氯吡嗪、磺胺甲氧吡嗪、磺胺喹恶啉、磺胺二甲氧嘧啶、磺胺甲基异恶唑等21种）］；兽医残留物和用于动物治疗过程的激素、生长调节剂和抗菌素能进入食品中，许多国家禁止激素和生长调节剂在食品生产中使用，抗生素和其他药物的使用也是被严格控制的。抗生素残留能引起易感个体严重的过敏反应，同样，激素和生长调节剂也能引起消费者中毒反应。因此，必须从初级生产环节到原料收购阶段都要加强控制和检验。

④ 金属：金属（尤其是重金属）对食品安全的影响非常重要，属于化学危害的重要内容之一。研究表明，重金属污染以金属镉最为严重，其次是汞、铅等，非金属砷的污染。有毒金属进入食品的途径主要有环境污染；生产食品原料的土壤；用于食品加工的水及农田中使用的化学物质。

⑤ 增塑剂和包装迁移：一些增塑剂和其他塑料添加剂可以从包装物向食品中迁移，迁移依赖于包装物的组成成分和食品的种类，如油脂类食品比其他食品更容易促进包装物中成分向食品迁移。

（3）物理危害。物理危害指可以引起消费者疾病或损伤，在食品中没有被发现的外来物质或物体。物理危害物有：玻璃、金属、石头、木块、塑料和害虫残体等。大块固体食品如肉畜屠体可用X射线探测、金属探测、视觉检验、电子扫描等方法除去混入其中的物理危害物。

（4）人为危害。肉的人为危害主要有注水、注胶，以增加肉重，获取经济利益。还有在养殖过程中非法添加违禁药物，刺激动物快速生长及增加瘦肉量，如添加安眠类药物及瘦肉精等。

注水肉：通常是在屠宰前给家畜灌水，每头猪可增加5~

10 千克重。

注胶肉：注胶肉分两种，一种是直接将卡拉胶掺在水里，再掺一些凝固剂和人工色素，利用高压泵打到猪身上；还有一种打针剂，里面有沙丁胺醇和保水剂。卡拉胶是一种食品化工原料，无臭无味，加水稀释后成为凝胶，尽管可适量添加到食品当中，但不法商贩为了增加重量，过量添加卡拉胶，消费者一旦食用了过量添加卡拉胶的制品则会妨碍人体对矿物质等营养素的吸收，比如说铁缺乏则会造成贫血，引起智力发育的损害及行为改变，还可出现神经功能紊乱等。这种猪肉吃的量少的话，应该没有什么问题的，但尽量别吃。

非法添加物在肉中残留对人体产生的危害会在本书中单独回答。

39. 食源性寄生虫病的是怎样传播的？有哪些危害？

通过仪器感染人体的寄生虫称为食源性寄生虫，主要包括原虫、吸虫、绦虫和线虫。易感个体摄入污染寄生虫或其虫卵的食物而感染的寄生虫病称为食源性寄生虫病。

传播途径主要有 3 种：①人—环境—人。病人排出虫卵，污染环境，进而污染食品和饮水而感染健康者，如贾第虫、钩虫等。②人—环境—中间宿主—人。病人排出虫卵，污染环境，被中间宿主动物吞食，在其体内发育为幼虫，人因食用含有感染性幼虫的动物食品而感染，如猪带绦虫、肝片吸虫。③保虫宿主—人，或保虫宿主—环境—人，如旋毛虫、弓形虫。

食源性寄生虫病不但给人体健康与生命构成严重威胁，而且有此后人兽共患寄生虫给畜牧业生产及经济带来严重损失。对人体主要夺取营养、机械性损伤、毒素作用与免疫损害。

40. 怎么鉴别猪囊尾蚴病或 "米猪肉"？

猪囊尾蚴为猪带绦虫的幼虫，囊虫呈椭圆形，一般为黄豆大小的乳白色小包囊。

猪囊尾蚴多寄生于猪肩胛外侧肌、臀肌、咬肌、深腰肌、心肌、膈肌、股内侧肌等部位，有时也见于大脑内。肌肉中的猪囊尾蚴呈米粒至豌豆大小、白色半透明的囊泡状，（6~20）毫米×（5~10）毫米，囊内充满无色透明液体，囊壁上有一个屈曲内陷的圆形头节。故此种猪肉俗称 "米猪肉" 或 "豆猪肉"，见图12、图13。

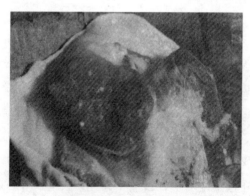

图12　米（粒）猪肉

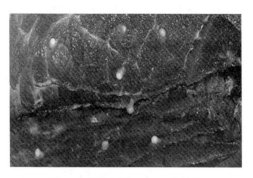

图 13 很明显的"豆"结状物

41. 消毒乳分哪几类？

消毒乳是指以新鲜牛乳或其他乳为原料，经过验收、净化、均质、灭菌、冷却、包装，以液体状态直接上市供消费者饮用的商品乳。消毒新鲜乳营养丰富，成分齐全，老少皆宜，但在有些地区或季节得不到鲜乳时，则可由乳制品复原加工而制得，所以消毒乳成了人们最便利最营养的食物来源。根据乳料的来源、营养成分、灭菌条件等，可将消毒乳分成不同种类。

（1）按乳料来源分类。可分为鲜乳和还原乳。

①鲜乳：指自健康牛体挤出的新鲜乳汁，经灭菌、冷却、包装等加工制成。这种牛乳经均质后，乳脂肪充分混匀，具有浓厚感，但保存性较差。

②还原乳：又叫复原乳，也称再制奶。是以全脂奶粉、浓缩乳、脱脂奶粉和无水奶油等为原料，经溶解混合后制成与牛乳成分相同的饮用乳。还原乳可补充新鲜乳的不足，以

满足市场的需要。还原乳会在包装上有明确的标识。我国国务院办公厅在 2005 年下发的《关于加强液态奶生产经营管理的通知》中要求，从 2005 年 10 月 15 日起，在巴氏灭菌乳生产中不允许添加复原乳，在灭菌乳、酸牛乳等产品生产加工过程中使用复原乳的，不论数量多少，生产企业必须在其产品包装主要展示面上醒目标注"复原乳"，在产品配料表中如实标注复原乳所占比例。因此，消费者在购买时，可关注产品外包装上的标注，来识别是消毒鲜牛乳还是复原乳。

（2）按营养成分分类。可分为普通全脂消毒乳、脱脂消毒乳、高脂消毒乳、强化消毒乳、花色乳及调制乳。

①普通全脂消毒乳：以合格鲜乳为原料，不加任何添加剂而加工成的消毒鲜乳。

②脱脂消毒乳：将鲜乳中的脂肪脱除或部分脱除而制成的消毒乳。

③高脂消毒乳：牛乳中添加适量含脂率为 20% 以上的稀奶油混合而成的消毒乳。

④强化消毒乳：把加工过程中损失的营养成分和日常食品中不易获得的予以补充，使营养成分得以强化的消毒乳。我国根据不同地区、不同人群和日常营养摄取状况，有针对性地制造出不同的强化消毒乳，如钙强化乳、锌强化乳等。

⑤花色乳：以牛乳为主要原料，加入其他风味食品，如可可、咖啡、果汁、果粒等，再加以调色、调香而制成的饮用乳，如可可奶、巧克力奶及果味奶等。

⑥调制乳：就是部分或非常近似地按人乳的成分、含量和性质，对牛乳进行调整改善，使其更适用于婴幼儿饮用。

（3）按灭菌强度分类。可分为灭菌乳和灭菌乳。

①灭菌乳：又叫巴氏消毒乳，根据灭菌条件可以分为三种情况，即低温长时（LTLT）灭菌乳、高温短时（HTST）灭菌乳和超高温（UHT）灭菌乳。

②低温长时（LTLT）灭菌乳，也叫保温灭菌乳，一般牛乳经过 62~65℃、30 分钟保温灭菌。这种方法由于时间较长，效果不是很理想，目前生产上很少采用。高温短时（HTST）灭菌乳通常采用 72~75℃、15 秒灭菌或采用 80~85℃、10~15 秒灭菌。这种方法可杀灭乳中绝大多数微生物和全部致病菌。由于受热时间短，乳的热变性现象很少，能保持乳制品的原有风味。超高温（UHT）灭菌乳一般采用 120~150℃、5~8 秒灭菌。这种方法可杀死耐热性细菌，延长了乳制品的保存时间，且由于高热时间短，乳的风味、性状和营养价值等均保持良好。

③灭菌乳：可分为两类，一类为流动的乳液经 135℃以上灭菌数秒后，无菌包装；另一类为把预先灭菌后的乳装入密闭容器中，再经 110~120℃下灭菌 10 分钟以上。灭菌乳必须进行无菌密封包装，以防再感染细菌。牛乳经过超高温处理，完全破坏了乳中可生长的微生物和芽孢，将牛奶中的有益和有害微生物全部杀死达到商业无菌的要求。优点是可在常温下保存较长时间，可保存 3~6 个月，缺点是破坏了牛奶中原有的活性酶、乳球蛋白、钙和维生素。

42. 牛乳具有哪些物理性质？

牛乳的物理性质主要包括色泽、相对密度、酸度、冰点、沸点、滋味和气味等，这些物理性质是鉴定牛乳品质的重要指标。

（1）色泽。新鲜正常的牛乳呈不透明的白色并稍显淡黄色，这是乳的基本色调。乳的色泽是由于乳中酪蛋白胶粒及脂肪球对光的不规则反射造成的。乳中含有的脂溶性胡萝卜素和叶黄素使乳略带淡黄色，水溶性的核黄素使乳清呈荧光性黄绿色。

（2）密度与相对密度。乳的密度指一定温度下单位体积的质量，而乳的相对密度主要有两种表示方法：一是以 15℃ 为标准，指在 15℃ 时一定容积的牛乳的质量与同容积、同温度水的质量之比，此时正常乳的比值平均为 1.032；二是以 20℃ 时的乳质量与同容积水在 4℃ 时的质量之比，正常乳的比值平均为 1.030。两种比值在同温度下，其绝对值相差甚微，后者小 0.002。乳品生产中常以 0.002 的差数进行换算。乳的相对密度在挤乳后 1 小时内最低，其后逐渐上升，最后可大约升高 0.001，这是由于气体的逸散、蛋白质的水合作用及脂肪的凝固使容积发生变化的结果。因此不宜在挤乳后立即测量相对密度。

（3）滋味与气味。乳中含有挥发性脂肪酸及其他挥发性物质，这些物质是牛乳滋气味的主要构成成分。牛乳的香味随温度升高而加强，冷却后减弱。乳中所含的羰基化合物，如乙醛、丙酮、甲醛等均与牛乳风味有关。牛乳很易吸收外界的各种气味，因此，挤出的牛乳如在牛舍中放置时间太久，会带有牛粪味或饲料味，与鱼虾放在一起会有鱼虾味，贮存器具不良时会产生金属味，消毒温度过高会产生焦糖味。

纯净的新鲜乳滋味稍甜，由于乳中含有乳糖。异常乳中如乳房炎乳中氯离子含量较高，故有较浓的咸味，乳中的苦味来自镁离子、钙离子，而酸味是由柠檬酸及磷酸产生（不包括酸败牛乳）。

（4）酸度与 pH。乳的酸度是由于乳蛋白分子中含有较多的酸性氨基酸和自由的羧基，而且受磷酸盐等酸性物质的影响而偏酸性。

新鲜乳的酸度称为固有酸度或自然酸度，这种酸度主要由乳中的蛋白质、柠檬酸盐、磷酸盐及二氧化碳等酸性物质构成。如新鲜乳的自然酸度 16~18°T，其中来源于蛋白质的为 3~4°T，来源于二氧化碳的为 2°T，来源于柠檬酸盐、磷酸盐的为 10~12°T。这种酸度与贮存过程中因微生物繁殖所产生的酸无关。乳挤出后在微生物的作用下产生的乳酸发酵，导致乳的酸度逐渐升高，这部分酸度称为发酵酸度。自然酸度和发酵酸度之和称为总酸度。

一般条件下，乳品生产中所测定的酸度就是总酸度。我国 GB 5413.34—2010《乳和乳制品酸度的测定》中规定酸度检验以滴定酸度为标准。酸度用吉尔涅尔度简称°T 或乳酸度（乳酸%）表示。吉尔涅尔度°T 指 100 毫升牛乳用 0.1 摩尔/升 NaOH 溶液滴定所消耗的 NaOH 体积（毫升），以酚酞作指示剂，每毫升为 1°T，也称 1 度。

牛乳的 pH 值：从酸的含义出发，酸度可用氢离子浓度（pH 值）表示。正常新鲜牛乳的 pH 值为 6.4~6.8，一般酸败乳或初乳的 pH 值小于 6.4，乳房炎乳或低酸度乳 pH 值大于 6.8。

（5）乳的冰点。牛乳的冰点为-0.565~-0.525℃，平均为-0.545℃。

乳中乳糖与盐类是冰点下降的主要因素，由于它们的含量较稳定，所以正常新鲜牛乳的冰点是其物理性质中较稳定的一个指标。如果在牛乳中掺水，可导致冰点回升。掺水10%，冰点上升约0.054℃。可依据以下公式推算牛乳的掺水量：

$$w = (t-t') / t (100-w_s)$$

式中 w——以质量计的加水量，%

t——正常乳的冰点，℃

t'——被检乳的冰点，℃

w_s——被检乳的乳固体含量，%

这个测试可判断乳是否新鲜。酸败乳的冰点会降低。

（6）沸点。牛乳的沸点在101.33千帕（1个大气压）下为100.55℃，乳的沸点受其固性物含量影响，因此，浓缩一倍时沸点上升0.5℃，即浓缩到原来体积一半时，沸点约为101.05℃。

43. 牛乳有哪些营养物质？

牛乳含有丰富的营养物质，与人乳的营养最接近，主要有乳蛋白质、乳脂质、乳糖、维生素、矿物质及一些特殊的营养物质。

（1）蛋白质。人们日常摄入的蛋白质来源很多，动物肉类、鱼虾类、蛋类、豆类、乳等均含有大量蛋白质，其中，乳蛋白质营养价值最高，最易于被人体吸收。乳中的酪蛋白对婴幼儿的生长发育有很好的作用，乳中的球蛋白具有一定的免疫功能。牛乳蛋白质特别是酪蛋白按其组成和营养特性是典型的全价高质量蛋白，氨基酸组成与人乳相近，而且含有八种必需氨基酸。1千克牛乳所含的蛋白质可以满足一个成年人一天所需要的必需氨基酸。另外，牛乳蛋白质中赖氨酸含量丰富，经常喝牛乳可以补充人们饮食习惯中赖氨酸摄入的不足。牛乳中的蛋氨酸有促进钙的吸收、预防感染的作用。牛乳蛋白质在人体内的消化速度快于肉类蛋白、蛋类蛋白和鱼类蛋白等，而且消化率可以达到90%~100%，因此，牛乳蛋白质特别适合于婴幼儿、发育期的青少年、老年人和肝脏病患者食用。

乳中蛋白质的含量为3.0%左右，由酪蛋白、乳清蛋白及少量的脂肪球膜蛋白等组成。

①酪蛋白：酪蛋白又称酪朊、干酪素、奶酪素，是乳的主要蛋白质。酪蛋白是指脱脂乳在20℃时，用酸调节pH值为4.6时沉淀析出的一类蛋白质，占乳蛋白总量的80%~82%。

酪蛋白不是单一的蛋白质，是以含磷蛋白质为主体的几种蛋白质的复合体。包括α-酪蛋白（60%）、κ-酪蛋白（5%）、β-酪蛋白（25%）和γ-酪蛋白（10%）。四种酪蛋白的区别在于它们含磷量多少的不同，α-酪蛋白含磷多，故又称为磷蛋白，γ-酪蛋白含磷量最少。酪蛋白虽然是一种两性电解质，但由于分子中含有的酸性氨基酸比碱性氨基酸多，所以是酸性物质。酪蛋白的粒径很小，一般为0.004~0.1微米，与乳中的钙、磷组成复合的胶体，以极细微的胶粒状态分散悬浮于乳中。当改变乳液条件，如 pH 值达到酪蛋白的等电点、加入皱胃酶等凝乳剂、一定浓度的盐溶液以及有机溶剂时，酪蛋白就会凝固析出。

②乳清蛋白：乳清蛋白是指溶解于乳清中的蛋白质，约占乳蛋白质的 18%~20%。可分为热稳定和热不稳定的乳清蛋白两种。

热稳定乳清蛋白：是指在煮沸 20 分钟的情况下，仍然保持溶解状态、性能稳定的一类乳清蛋白。这类蛋白质约占乳清蛋白的 20%，主要是小分子蛋白和胨类。

热不稳定乳清蛋白：当 pH 值为 4.6~4.7 时，乳清煮沸 20 分钟，发生沉淀的蛋白质属于对热不稳定的乳清蛋白质。约占乳清蛋白质的 80%，其中含有乳白蛋白和乳球蛋白两类。

乳白蛋白是指乳清在中性状态下，加饱和硫酸铵或饱和硫酸镁时，呈溶解状态而不析出的蛋白质，约占乳清蛋白的 68%。乳白蛋白又分为 a 乳白蛋白、β 乳白蛋白、血清白蛋白，各占乳清蛋白质的 19.7%、43.6% 和 4.7%。乳白蛋白加热至 72℃ 以上开始变性，加热至 85℃、保温 10 分钟则完全凝固。乳白蛋白在乳中以 1.5~5.0 微米的微粒分散在乳中，对酪蛋白起保护作用。

乳球蛋白是乳清在中性状态下，加饱和硫酸铵或饱和硫酸镁溶液盐析时，能析出但不呈溶解状态的乳清蛋白，约占乳清蛋白质的 13%。乳球蛋白又分为真球蛋白和假球蛋白两种，这两种蛋白与乳的免疫性有关，具有抗原作用，故又称为免疫球蛋白。乳球蛋白在酸性条件下，加热至 72℃ 时完全凝固。

③脂肪球膜蛋白：脂肪球膜蛋白是包裹在脂肪球膜上的一层蛋白质。脂肪球在牛乳中呈微细分散，以膜覆盖。脂肪球膜是由蛋白质与磷脂等构成的，吸附于脂肪球表面，有稳定牛乳浑浊的作用，对热敏感。100克乳脂肪约含脂肪球膜蛋白质0.4~0.8克。在脱脂时，绝大部分的脂肪球膜蛋白随乳脂肪转移到稀奶油中，因此，在脱脂乳与脱脂乳粉中几乎不含这种蛋白质。

④其他蛋白质：除上述几种蛋白外，乳中还含有数量很少的其他蛋白质和酶蛋白，在分离酶时，可按不同部分将其分开。例如，淀粉酶是含在乳球蛋白内，过氧化酶含在乳白蛋白内，蛋白酶含在酪蛋白中，而黄嘌呤氧化酶和碱性磷酸酶是在脂肪球膜中。此外还含有少量的酒精可溶性蛋白以及与血纤蛋白相类似的蛋白质等。

（2）乳脂质。乳脂质中含有97%~99%的乳脂肪，1%左右的磷脂，还有少量的游离脂肪酸及固醇、脂溶性维生素等。乳脂肪是中性脂肪，是各种甘油三酸酯的混合物，不溶于水，以脂肪球的状态分散于乳浆中，在牛乳中的含量平均为3.5%~4.5%，是牛乳的主要成分之一。牛乳经离心分离后，大部分的脂肪转移到稀奶油中。磷脂中包含有卵磷脂、脑磷脂、神经磷脂等，60%的磷脂存在于脂肪球膜。

乳中含有20种左右的可溶性、挥发性饱和脂肪酸，其构成了乳油芬芳香味，且含有相当数量的必需脂肪酸，所以乳脂肪比其他脂肪质量更好。脂肪的主要功能是产生热能供给人体，同时脂溶性维生素A、D、E、K溶解在脂肪中被人体消化吸收利用。乳脂肪易被消化吸收，消化率高于95%，因此乳脂肪适合于胃肠道疾病、肝肾疾病以及脂肪消化紊乱患者食用。

①乳脂肪的脂肪酸组成：乳脂肪的脂肪酸种类多达 60 余种，远比一般的脂肪多。但很多脂肪酸的含量均低于 0.1%，其总量仅相当于总脂肪量的 1%。可溶性（微溶于酒精或水）、挥发性饱和脂肪酸总含量约为 9%，是构成乳制品乳香味的主要组成成分；不可溶性、非挥发性饱和脂肪酸总含量占 90% 以上。不同鲜乳中脂肪酸的种类及含量与乳源品种、季节、饲料等因素有关。

②乳脂肪球：乳脂肪以脂肪球的状态分散于乳浆中，呈一种水包油型的乳浊液。脂肪球表面被脂肪球膜包裹，使脂肪在乳中保持稳定的乳浊液状态，并使各个脂肪球独立地分散于乳中。脂肪球呈球形或椭球形，直径大小与乳畜的品种、个体、健康状况、泌乳期、饲料及挤奶情况等因素有关，一般直径为 0.1~10 微米，绝大多数为 2~5 微米，每毫升牛乳中约含有 3×10^9 个脂肪球。脂肪球的直径越大，上浮速度越快。将牛乳放在容器中静置一段时间后，乳脂肪球就会逐渐上浮，在乳表面形成脂肪层。

脂肪球表面被一层 5~10 纳米厚的脂肪球膜所保护，脂肪球膜系由蛋白质、磷脂、高熔点甘油三酸酯、甾醇、维生素、金属离子、酶及结合水等复杂化合物所构成，其中起主导作用的是卵磷脂蛋白质的络合物，各种成分依次定向排列在脂肪球与乳浆的界面上。膜的内侧有磷脂层，磷脂的疏水基朝向脂肪球的中心，并吸附着高熔点的甘油三酸酯，形成膜的最内层，磷脂层间还夹杂着胆醇与维生素 A 等，磷脂的亲水基向外朝向乳浆，并连接具有亲水基的蛋白质而构成外膜，其表面有大量的结合水，完成了脂相向水相的过渡。

（3）乳糖。乳中主要碳水化合物为乳糖，占总碳水化合物的99.8%以上，还有少量的单糖（包括葡萄糖和半乳糖）。各种碳水化合物，部分以游离状态存在，部分与蛋白质、磷脂或磷酸盐结合。乳糖是哺乳动物乳腺分泌的特有产物，不存在于动物的其他器官。牛乳的甜味主要来自乳糖，乳糖的甜度为蔗糖的1/6，在牛乳中的含量为3.6%~5.5%，平均为4.6%。

①乳糖的组成：乳糖由一分子的葡萄糖和一分子的半乳糖组成，被乳糖酶分解为相应的单糖。乳糖有a-乳糖和β-乳糖两种形式，可以相互转化。因为乳糖和矿物质要保持乳的渗透压稳定，所以，鲜乳中乳糖的含量变化不大。人类母乳的乳糖含量约为7.0%，是所有哺乳动物中最高的。

②乳糖的营养作用：促进钙的吸收：乳糖为乳中高钙的吸收和利用创造了适宜的条件。一方面，乳糖经肠道内微生物作用，产生代谢产物——乳酸，酸性环境增加了钙盐的溶解性，使更多的钙能被有效吸收；另一方面，乳糖和钙形成可溶性复合物，促进了钙在体内的运输。

调节肠道菌群：乳糖不能在胃中水解，一般在通过小肠中段后，才被黏膜上皮细胞的乳糖酶分解成葡萄糖和半乳糖，形成了对人体本身肠道菌群生长适宜的基质。最终产物乳酸为肠道提供了理想的酸性环境，抑制了适合碱性环境的微生物（如蛋白分解菌和腐败菌）的生长，有效调节了肠道微生物菌群。

乳糖的膳食价值：乳糖被分解后产生乳酸，降低了肠道pH值及增加了小肠的蠕动，有轻度的致泻作用，剂量大时，可以缓解便秘。乳糖分解产生的半乳糖直接用于内黏膜多糖的形成，促进内膜组织的快速再生，从而阻止或延缓动脉硬化的形成。乳糖比蔗糖吸收缓慢，提供能量持续时间长。当膳食中乳糖含量增加时，因为乳糖减慢了氨基酸的吸收，使它们能更有效地得到利用，从而提高了氮的生物学价值。

乳糖对婴幼儿的营养价值：和成年人一样，婴幼儿膳食需要乳糖来维持小肠中理想的菌群，婴幼儿肠道内的微生物主要是厌氧双歧杆菌，乳糖转化为乳酸时形成的酸性环境促进了双歧杆菌的生长。双歧杆菌代谢产生乳酸和醋酸，抑制了大肠杆菌、腐败菌和致病菌的生长，使婴幼儿对肠道感染具有较强的抵抗力。

（4）维生素。乳是维生素的重要来源，牛乳中含有几乎所有已知的维生素。大多数维生素的含量与饲料、乳牛的健康状况、泌乳期等因素有关。

①乳中维生素的主要种类：

A. 脂溶性维生素　脂溶性维生素在乳中以乳浊液状态存在，其进入机体内的途径和乳脂肪一样，即以脂肪球的形式经过淋巴管进入机体。对乳进行离心分离时，大部分脂溶性维生素随乳脂肪进入稀奶油中。

维生素A和胡萝卜素，具有抗干眼病、预防夜盲症的作用。牛乳中含维生素A约为1 000IU/升，胡萝卜素约为380IU/升（IU指国际单位）。在进入小肠内壁之前，胡萝卜素转化为维生素A，胡萝卜素的利用程度取决于消化的量、载体的性质、载体脂肪的饱和程度和膳食中脂肪和蛋白质的含量,当维生素 A 与蛋白质结合的时候,就更容易被消化吸收。

维生素 D,具有抗佝偻病的作用,牛乳中的含量约为 1 微克/升。

维生素 E,又叫生育酚,牛乳中的含量约为 0.6IU/升。维生素 E 对热不稳定,在乳粉加工过程中损失约 20%。

维生素 K,具有促进血液凝固的作用,故又称抗出血维生素,在乳中含量约为 30 微克/升,能耐热耐酸,但易被碱和紫外线分解。

B. 水溶性维生素:

维生素 B_1,又称硫胺素,牛乳中的含量约为 0.25 毫克/升,对热不稳定,在乳粉生产过程中损失约 10%。

维生素 B_2,又名核黄素,牛乳中的含量约为 1.0 毫克/升,对热稳定。

维生素 C,又名抗坏血酸,牛乳中的含量约为 13 毫克/升,对热不稳定,在乳粉加工中损失约 50%。

维生素 B_3,又名烟酸、尼克酸,或维生素 PP,牛乳中的含量约为 1 毫克/升,对热稳定。

维生素 B_6,牛乳中的含量约为 0.5 毫克/升。

维生素 B_{12},是在反刍动物胃内合成,故饲料影响不大。牛乳中的含量约为 4.3 微克/升,在乳粉加工中损失约 2%。

维生素 B_5,别名泛酸,乳中含量约 3.7 毫克/升。在牛乳中大部分以游离形态存在。初乳期泛酸含量不多,分娩后第 4~14 日达到最高。乳中的含量不受饲料和季节的影响。

叶酸类(又称维生素 M)天然的叶酸及其衍生物,统称为叶酸类。在牛乳中以游离型及蛋白结合型存在。牛乳中叶酸含量约为 4.3 微克/升，初乳中含量较多，为正常乳的数倍，与乳牛品种无关。牛乳中的叶酸在灭菌时不被破坏，但煮沸时有约 97%的损失。

胆碱，牛乳含胆碱约 130 毫克/升，初乳中含量高，产犊后约一周时降至常乳量。在脱脂处理时，一部分胆碱流失于磷脂中。

②维生素的营养价值：维生素是人体代谢中必不可少的有机化合物，是构成酶成分不可少的物质之一，是人体新陈代谢不可缺少的催化剂。大部分维生素不能在人体内合成，或合成量不足，不能满足人体的需要，而必须从食物中摄取。

牛乳中除含有丰富的各种维生素外，而且还含有多种重要的类维生素物质，这些类微生素在人体内某些方面起着和维生素相似的作用，这些作用在儿童的生长发育过程也是很重要的。主要有以下几种：乳清酸、对氨基苯甲酸、肉毒碱、肌醇。肌醇在脂肪代谢过程中是不可缺少的，特别是肌醇有降低胆固醇、防止动脉硬化和保护心脏的作用，牛乳中含肌醇较多，所以老年人喝牛乳很有益处。

（5）矿物质。每升牛乳中矿物质的平均含量约为 7.3 克。表 7 是乳中各种矿物质的平均含量及其变动范围。

表 7　乳中各种矿物质的平均含量

矿物质	在乳中的含量（克/升）	
	平均值	变动范围
钙	1.20	1.0~1.4
磷	1.00	0.8~1.2

（续表）

矿物质	在乳中的含量（克/升）	
	平均值	变动范围
钾	1.50	0.9~2.1
氯	1.10	0.8~1.5
钠	0.50	0.3~0.8
镁	0.15	0.05~0.25
硫	0.35	0.2~0.5

牛乳中的矿物质除钙、磷、钾、氯、钠、镁、硫等外，还含有微量元素铁、铜、锌、锰、碘等。牛乳中含铁和铜较少，含铁约1.0毫克/升、含铜约0.13毫克/升，这远远满足不了儿童生长发育的需要，所以婴儿出生后3~4个月以后就要注意补充铁和铜。

乳中矿物质的浓度不易受饲料的影响，但和泌乳期关系密切，在初乳中几乎所有的矿物质含量都比较高。乳中的矿物质大部分以无机酸盐和有机酸盐形式存在，其中以磷酸盐、酪酸盐和柠檬酸盐存在的数量最多。钾、钠大部分是以氯化物、磷酸盐及柠檬酸盐的可溶状态存在。钙、镁则与酪蛋白、磷酸及柠檬酸结合，一部分呈胶体状态，另一部分呈溶解状态。牛乳中大部分的钙为酪蛋白钙、磷酸钙及柠檬酸钙，呈胶体状态，其余钙为可溶性物。乳是最佳的钙质来源，因为乳中的钙与蛋白质结合，最容易被机体利用，乳中其他成分如乳糖、蛋白质、维生素D等，促进了钙的吸收和利用。

（6）特殊营养素。乳中具有生物活性的特殊营养物质主要是指酶类、免疫球蛋白、乳铁蛋白、生长因子等。

酶类：乳中的酶类有 60 多种以上，有三个来源：乳腺分泌的酶、乳中微生物所产生的酶、乳腺细胞的白细胞在泌乳时崩解所产生的酶。按其性质可分为水解酶类和氧化还原酶类。

A. 水解酶类

脂酶：牛乳中的脂酶至少有两种，一种是只附在脂肪球膜间的膜脂酶，它在常乳中不常见，而在末乳、乳房炎乳及其他一些生理异常乳中出现；另一种是与酪蛋白相结合的乳浆脂酶，存在于脱脂乳中。乳脂肪在脂酶的作用下水解产生游离脂肪酸，从而使牛乳带有脂肪分解的酸败气味。

磷酸酶：牛乳中的磷酸酶有两种，一种是酸性磷酸酶，存在于乳清中；另一种为碱性磷酸酶，吸附于脂肪球膜。其中碱性磷酸酶的最适 pH 值为 7.6~7.8，低温长时或高温短时巴氏灭菌可钝化该酶活性，因此可以利用这一性质来检验低温巴氏灭菌法处理的消毒牛乳的灭菌程度是否完全。

蛋白酶：牛乳中的蛋白酶分别来自乳本身和污染的微生物。乳中蛋白酶多为细菌性酶，细菌性的蛋白酶使蛋白质水解后形成蛋白胨、多肽及氨基酸。

B. 氧化还原酶

主要包括过氧化氢酶、过氧化物酶和还原酶。

过氧化氢酶：牛乳中的过氧化氢酶主要来自白细胞的细胞成分，在初乳和乳房炎乳中含量较多。所以，利用对过氧化氢酶的测定可判定牛乳是否为乳房炎乳或其他异常乳。经 65℃、30 分钟加热，95%的过氧化氢酶会钝化；经 75℃、20 分钟加热，100%的过氧化氢酶会钝化。

过氧化物酶：最早是从乳中发现的酶，它能促使过氧化氢分解产生活泼的新生态氧，从而使乳中的多元酚、芳香胺及某些化合物氧化。过氧化物酶数量与细菌无关，是乳中固有的酶。过氧化物酶作用的最适温度为 25℃，最适 pH 值为 6.8，钝化温度和时间大约为 76℃、20 分钟；77~78℃、5 分钟；85℃、10 秒。通过测定过氧化物酶的活性可以判断牛乳是否经过热处理或热处理的程度。

还原酶：是由挤乳后进入乳中的微生物代谢产生，最主要的是脱氢酶。这种酶随微生物进入乳及乳制品中，在乳中的数量与细菌污染程度直接有关。它能促使美蓝还原成无色，所以挤下后已完全灭菌的乳就不能产生美蓝的褪色作用。在生产上利用此原理来测定乳的质量即乳中细菌的含量，也称还原酶试验。还原酶的最适条件为 pH 值 5.5~8.5，温度 40~50℃，60℃以上时酶反应减弱或完全被破坏。

44. 乳制品中可能存在的有害成分都有哪些?

近年来，乳源性疾病频发，使乳制品的安全问题成为全球瞩目的焦点。鲜乳是乳制品的源头，它的质量好坏直接关系到乳制品的食用安全和人类健康，是提高乳品企业经济效益的基础。随着人们保健意识的提高，人均乳制品的消费快速增长，乳制品的结构也发生了很大的变化，突出表现为乳粉的消费逐渐下降，液态乳的消费显著上升，这就对原料乳的要求越来越高。原料乳本身并没有有毒有害物质，只是在生产过程中被污染，造成一定的危害。影响乳制品品质的有害因素主要是微生物，另外，乳中的毒素和抗生素、非法添加物及农药和兽药残留等，都不同程度地给乳制品品质造成危害。

（1）有害微生物。原料乳营养丰富，是微生物良好的培养基，鲜乳从乳腺分泌时为无菌状态，但在挤乳、收集、运输、储存、加工等各个环节中都可能造成污染，侵染的微生物主要包括细菌、真菌和噬菌体等。微生物的存在一方面造成乳制品变质，另一方面还可能造成人类的传染性疾病。在实际生产中，国家标准要求对各种乳制品的细菌总数、大肠菌群、致病菌数量等微生物指标进行检测，以确定乳制品的污染程度。

①细菌：乳制品中常见的细菌污染主要有腐败菌和致病菌污染两类。

A. 腐败菌　乳制品中常见的腐败菌有乳酸菌、丙酸菌、丁酸菌、产气杆菌、枯草杆菌、大肠埃希氏菌、巨大芽孢杆菌、蜡状芽孢杆菌、凝结芽孢杆菌和丁酸芽孢杆菌等，它们可引起乳的发酵。特别是芽孢杆菌、梭状芽孢杆菌等细菌所产生的芽孢在超高温灭菌后仍能存活，并导致乳制品腐败。此外，乳中还有假单胞菌属、产碱杆菌属、小球菌属的细菌，它们存在于牛舍、饲料、粪便或环境中，使牛乳或乳制品发酵、酸败和氧化而变质。

乳酸菌是乳中数量最多的微生物，约占乳中微生物总数的80%。乳酸菌、丙酸菌、丁酸菌分别分解乳糖产生乳酸、丙酸和丁酸，使乳制品发酵变酸。

肠杆菌科细菌污染牛乳和乳制品，会导致牛乳变稠，它们是淡炼乳胀罐、奶油变味、干酪在气的主要腐败菌。

B. 致病菌　乳中的致病菌有几十种。常见的有金黄色葡萄球菌、牛分枝杆菌、溶血性链球菌、致病性大肠埃希菌、沙门菌、志贺菌、变形杆菌、炭疽杆菌、肉毒杆菌、白喉杆菌和霍乱菌等。这些致病菌主要来源于病畜、病人和带菌者，人体食用被致病菌污染的乳制品后会感染相应疾病，部分致病菌还可产生毒素，导致人体食物中毒。

②真菌：常见的乳制品中的真菌污染包括霉菌和酵母菌污染。

乳及乳制品中存在的霉菌主要有根霉、毛霉、曲霉和青霉等，霉菌大多数属于有害菌，它们可通过大量分解蛋白质和脂肪，引起干酪、乳酪、奶油等乳制品变质，对产品造成多种腐败危害，有些霉菌还可产生毒素。

乳与乳制品中的酵母可引起乳液发酵，滋味发酸、发臭，使干酪和炼乳罐头发生膨胀。

③噬菌体：噬菌体主要是乳酸菌噬菌体。乳品发酵过程中存在噬菌体感染的风险，据统计，60%~70%的奶酪生产技术中断是由于噬菌体感染造成，这对乳品行业来说是一个十分严峻的问题。除乳酸链球菌噬菌体外，还有乳脂链球菌噬菌体以及嗜热链球菌噬菌体等。

（2）毒素。原料乳中的毒素来源主要有两个方面，一是原料乳污染病原菌后，由病原菌产生的微生物毒素；二是由于奶牛食用被毒素污染的饲料后，由奶牛代谢分泌到牛乳中的毒素。

微生物污染是原料乳中毒素的主要来源。根据污染的微生物，原料乳中的毒素可分为细菌毒素和真菌毒素。

①细菌毒素：金黄色葡萄球菌能产生多种毒素，致病性菌株可以产生肠毒素、溶血毒素、杀白细胞素、表皮溶解毒素和毒性休克综合征毒素等，其中肠毒素是引起金黄色葡萄球菌食物中毒的主要原因。肠毒素可引起急性肠胃炎；溶血毒素对多种哺乳动物红细胞有溶血作用；杀白细胞素损伤中性粒细胞和巨噬细胞，而且具有抗吞噬作朋，增加葡萄球菌的侵袭力；表皮溶解毒素能裂解表皮组织的棘状颗粒层，使表皮与真皮脱离，引起葡萄球菌烫伤样皮肤综合征；毒性休克综合征毒素可引起发热，增加对内毒素的敏感性，使毛细血管通透性增强，引起心血管功能紊乱而导致休克。

致病性大肠杆菌、鼠伤寒沙门菌、小肠结肠炎耶尔森菌和蜡状芽孢杆菌等均能产生肠毒素。一些致病性大肠杆菌和沙门菌还可产生抑制蛋白质合成的细胞毒素。李斯特菌可产生一种强致病性的溶血外毒素。

②真菌毒素：通常将霉菌产生的一类具有生物毒性的次生代谢产物称为真菌毒素。这些毒性真菌包括曲霉、青霉、镰刀霉、棒孢霉和毛壳菌等，易于在湿热地区的食品和饲料中生长并产生毒素。牛乳中的真菌毒素主要来源于饲料。真菌毒素对人和动物都有极大的毒害作用，癌症的高发地区与食物中带染真菌和存在真菌毒素有关。我国对食品中的真菌毒素限量制定了相应的国家标准。

常见的真菌毒素黄曲霉毒素（AFT）是一类化学结构类似的化合物，均为二氢呋喃香豆素的衍生物。黄曲霉毒素主要是由黄曲霉、寄生曲霉产生的次生代谢产物，其他曲霉、毛霉、青霉、镰孢霉和根霉等也可产生。

目前已发现 20 余种黄曲霉毒素，主要包括 B_1、B_2、G_1、G_2、M_1、M_2 等，其中，B_1 为毒性及致癌性最强的物质，牛乳中主要存在 M_1 和 M_2。研究表明，奶牛食用了被黄曲霉毒素 B_1 污染的饲料后，黄曲霉毒素 B_1 在肝微粒体单氧化酶系催化下，末端呋喃环 C-10 羟基化产生黄曲霉毒素 M_1。虽然黄曲霉毒素 M_1 在毒性方面比黄曲霉毒素 B_1 低，但仍具有很高的致癌性。黄曲霉毒素对动物毒害的主要靶器官是肝脏，可引起肝炎、肝硬化以及肝坏死等。1993 年，黄曲霉毒素被世界卫生组织（WHO）的癌症研究机构划定为"Ⅰ类"致癌物，是目前发现的最强的致癌物质。主要诱使动物发生肝癌，也可诱发胃癌、肾癌、直肠癌以及乳腺、卵巢、小肠等部位的肿瘤。因此，发达国家在制定牛乳中黄曲霉毒素 M_1 的卫生限量方面控制非常严格。

（3）抗生素。对于乳及乳制品来说，抗生素残留是一个普遍现象。抗生素作为防病、治病的通用药剂被广泛添加到奶牛饲料和用于奶牛机体注射。用抗生素治疗奶牛常见的感染性疾病、在牛饲料中添加一定比例的抗生素用于预防疾病，是乳中抗生素残留的主要原因。此外，一些不法饲养户和经营商，为了防止牛乳酸败变质而非法在其中掺入抗生素，也会导致乳中抗生素的残留。

对抗生素过敏体质的人服用残留抗生素的乳制品后会发生过敏反应，正常饮用者，低剂量的抗生素残留会抑制或杀灭人体内的有益菌，并可使致病菌产生耐药性，一旦患病再用同种抗生素治疗很难见效。另外，如果用含抗生素的乳做酸奶或乳酪等，则残留在其中的抗生素会抑制乳酸菌的发酵，使产品的产量和质量降低。

牛乳中抗生素残留问题日益受到国际社会的重视。欧美国家20世纪中期即明文禁止抗生素残留超量的牛乳上市。"无抗奶"即为不含抗生素的牛乳，或者是"抗生素残留未检出"的牛乳。无抗奶已成为通用的国际化原料奶收购标准，一个企业的乳制品要想进入国际市场，原料奶检测必须达到"无抗"标准。为与国际接轨，我国农业部曾于2001年10月发布实施《无公害食品——生鲜牛乳》行业标准，对新鲜牛乳的卫生指标明确了"抗生素不得检出"，欲从源头控制乳中抗生素的含量。2002年的"无抗奶"风波使各界对中国的乳业现状有了一个较为全面的认识。2010年，国家颁布了《GB 19301—2010食品安全国家标准 生乳》，要求兽药残留应符合国家有关规定和公告。

（4）非法添加物。乳及乳制品相关的非法添加物主要有五种：三聚氰胺、皮革水解物、β-内酰胺酶（即解抗剂）、硫氰酸钠及碱类物质。其中三聚氰胺用来冒充蛋白质；皮革水解物添加到牛乳中以增加蛋白质含量；解抗剂用于掩蔽抗生素，冒充"无抗奶"；硫氰酸钠则用于保鲜，延长牛乳保质期；牛乳中加入碱类物质，用来掩盖牛乳的酸败。

①三聚氰胺：2008年9月，卫生部指出，在甘肃等地报告多例婴幼儿泌尿系统结石病例，调查发现患儿多有食用三鹿牌婴幼儿配方奶粉的历史。经相关部门调查，高度怀疑石家庄三鹿集团股份有限公司生产的三鹿牌婴幼儿配方奶粉受

到三聚氰胺污染。国家质检总局随即进行了专项检查，结果显示，多达 22 家企业所生产的婴幼儿奶粉中被检出三聚氰胺，这场"三聚氰胺"事件，对中国乳业几乎造成毁灭性的打击。

三聚氰胺是一种三嗪类含氮杂环有机化合物，简称三胺，俗称密胺，蛋白精，聚氰酰胺、氰脲三酰胺。为白色单斜晶体，几乎无味，微溶于水，可溶于甲醇、甲醛、乙酸、热乙二醇、甘油、吡啶等，不溶于丙酮、醚类。用作化工原料，对身体有害，不能用于食品加工或食品添加物。

由于中国采用估测食品和饲料工业蛋白质含量方法的缺陷，三聚氰胺便被不法商人掺杂进入食品或饲料中，以提升食品或饲料检测中的蛋白质含量指标，因此三聚氰胺被作为假的蛋白，人称为"蛋白精"。

蛋白质平均含氮量为 16% 左右，而三聚氰胺的含氮量为 66% 左右。蛋白质测定方法为"凯氏定氮法"，是通过测含氮量乘以 6.25 来估算蛋白质含量，因此，将三聚氰胺掺入饲料、牛乳或乳制品中，会造成蛋白质的表观含量虚高，从而使劣质食品和饲料在检验机构只做粗蛋白质简易测试时蒙混过关。三聚氰胺作为一种白色结晶粉末，没有什么气味和味道，所以掺杂在乳制品（尤其是乳粉）中后不易被发现。

三聚氰胺对哺乳动物低毒，属于低毒急性毒类。长期摄入三聚氰胺会造成生殖、泌尿系统的损害，出现膀胱、肾部结石，并进一步诱发膀胱癌。

②皮革水解蛋白：即利用皮革废料或是动物的毛发等生成的一种蛋白粉，因其氨基酸或蛋白含量较高，掺入牛乳或

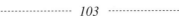

奶粉中可提高蛋白质的含量，形成所谓"皮革奶"。

皮革水解蛋白多用皮革厂制作服装、皮鞋后的废料来生产，从而混进了大量皮革鞣制、染色过程中加入的重铬酸钾和重铬酸钠等有毒物质，如果长期食用含有皮革水解蛋白粉的食物，重金属"铬"离子便会被人体吸收、积累、中毒，使人体关节疏松肿大，甚至造成儿童死亡。

为加强食品卫生监管，卫生部 2004 年发布第 10 号公告，明令禁止使用皮革废料、毛发等非食品原料生产食用明胶和水解蛋白；禁止以非食品原料生产的明胶、水解蛋白为原料生产加工乳制品、儿童食品和其他食品。2009 年 3 月，国家食品药品监督管理局印发了《全国打击违法添加非食用物质和滥用食品添加剂专项整治近期工作重点及要求》的通知。其中，打击添加皮革水解物是乳及乳制品生产领域的重中之重。近年来，农业部一直将对皮革水解蛋白的检测规定纳入"生鲜乳质量安全监测计划"。

③β-内酰胺酶：随着快速增长的乳制品加工业和中国乳制品严格的抗生素残留量的限制，市场上出现了"抗生素分解剂"，该分解剂可选择性分解牛乳中残留的 β-内酰胺类抗生素，其成分就是 β-内酰胺酶（解抗剂）。

β-内酰胺酶是细菌产生的可水解 β-内酰胺类抗生素的酶，它的种类和数量现已超过了 400 种，为黄色液体，主要成分是青霉素酶。奶牛在治疗中常用的抗生素有 β-内酰胺类、氯霉素类、四环素类、氨基糖苷类以及大环内酯类。一些不法生产厂家使用 β-内酰胺酶来降解牛乳中残留的抗生素，生产所谓的"人造无抗奶"，致使抗生素酶解后的残留物进入乳制品，可能混进其他有害物质；而且，由于使用该酶可掩盖抗生素的存在，一些不法人员在饲料喂养、奶牛疾病治疗或鲜奶储藏运输过程中会加大抗生素的用量，从而会导致相关的青霉素、头孢菌素等抗生素类药物的耐药性增高，使喝牛乳的人抵抗细菌传染病的能力大大降低。

2009 年 2 月，卫生部等九部门组成的全国打击违法添加非食用物质和滥用食品添加剂专项整治领导小组公布的《食品中可能违法添加的非食用物质名单（第二批）》中，β-内酰胺酶被列入乳与乳制品掩蔽抗生素的违法添加的非食用物质。

④硫氰酸钠：硫氰酸钠是白色斜方晶系结晶或粉末，在空气中易潮解，遇酸产生有毒气体，易溶于水、乙醇、丙酮等溶剂，是一种有毒化工原料。不法商贩将其添加于乳及乳制品中抑菌、保鲜。2008 年 12 月，卫生部发布《食品中可能违法添加的非食用物质和易滥用的食品添加剂品种名单（第一批）》，明确规定硫氰酸钠属违法添加的非食用物质。

硫氰酸钠的毒性主要是因其在体内分解产生的氰根离子，氰根离子能很快与细胞色素氧化酶中的三价铁离子结合，抑制该酶活性，使组织利用氧受阻。临床症状主要表现为神经系统抑制、代谢性酸中毒及心血管系统不稳定等。

⑤碱类物质：加入碱或碱性物质可中和牛乳因微生物污染酸败所产生的酸性物质，降低牛乳酸度，欺骗消费者。常见的碱性物质有苏打、小苏打和烧碱等。加碱的牛乳掩蔽了腐败菌的生长，同时将乳中部分维生素破坏，造成乳制品品质降低。使用少量的可食用碱危害不大，但一些不法人员使

用工业烧碱。工业烧碱属于剧毒化学品，具有极强的腐蚀性，长时间食用含有工业烧碱的食品会使人出现头晕、呕吐等症状，还存在致癌、致畸形和引发基因突变的潜在危害。食用1.95克工业烧碱就能致人死亡，国家明令禁止在食品加工过程中使用工业烧碱。

（5）农药残留。乳制品中的农药残留主要来自于使用农药对饲料、畜禽及厩舍杀虫、灭鼠，还有少部分来自于对乳的冷却、储存、生产和处理所用材料及设备的清洁与消毒。

农药在食物链中容易蓄积。奶牛若食用含有农药残留的饲料，不仅影响产奶量和奶中成分的含量，人食用含农药残留的原料乳或乳制品后，农药在人体内不断积蓄，就会出现急性或慢性中毒。目前，我国对食品中各种农药残留量均有相应规定。

（6）其他有害成分。乳制品中还可能存在硝酸盐、亚硝酸盐及重金属的污染。硝酸盐在水源和蔬菜及其他植物体中大量存在。奶牛的饮水和饲料中若硝酸盐含量过高，会部分转移至牛乳中，硝酸盐在人体内可转化为亚硝酸盐。当饮用水、饲料受重金属污染后，原料乳可能会遭受相应污染。不同的重金属会对人体不同系统造成相应危害。因此，应高度重视奶牛的用水和饲料质量，保障原料奶的安全。

45. 牛奶中的抗生素是从哪儿来的？

（1）饲料中的添加剂。畜禽饲料中添加的抗生素在畜禽机体内发挥了抑菌和灭菌作用，有效地阻止了肠道有害菌的增殖，使畜禽机体得以保持正常的微生态平衡，从而减少了发病率。其次，添加的抗生素能使畜禽肠道变薄，增加肠黏膜通透性，有利于畜禽对营养成分的吸收，起到促生长作用。但由于科学知识的缺乏和经济利益的驱动，不合理地使用和滥用饲料添加剂的情况经常发生，造成抗生素在动物组织中的残留，并通过食物链进入人体，对人类健康构成威胁。

（2）防治奶牛疾病使用的内服或外用抗生素在牛体内的残留。乳腺炎是奶牛最常见的疾病，在我国治疗该病的常规方法是采用抗生素直接注入患病奶牛乳房，从而造成抗生素在牛奶中残留。青霉素是使用最广泛的抗生素，许多国家和国际组织对牛奶中的青霉素残留作了限量规定：澳大利亚规定乳中青霉素的含量（IU 指国际单位）<0.005IU/毫升；瑞典规定<0.01IU/毫升；荷兰规定一级奶<0.01IU/毫升，二级奶 0.01~0.1IU/毫升，三级奶>0.1IU/毫升，其中二三级奶不作食用；欧美国家规定为 4~10 微克/千克。2001 年，我国农业部实施《无公害食品生鲜牛乳行业标准》，对新鲜牛乳的卫生指标明确了"抗生素不得检出"。国家标准《GB 19301—2010 食品安全国家标准 生乳》中规定，应用抗生素期间和休药期间的乳，不应用作生乳。

（3）不规范使用抗生素或使用违禁、淘汰抗生素造成的残留超标。合理规范使用兽药是降低食品中兽药残留、保障乳制品卫生安全的关键。一些不法奶农为防止细菌的大量繁殖和牛奶的酸败而人为添加抗生素，引起抗生素残留。

46. 牛奶中抗生素残留会造成哪些危害？

（1）容易引起过敏反应。由于许多抗菌药如青霉素、四环素、磺胺类药物均有一定抗原性，可引起人们的过敏反应，经常饮用含低剂量抗生素的牛奶，会使人由于反复受到抗生素的刺激而致敏。已被致敏的人，当再次接触同种抗生素时，将会发生过敏反应。

（2）造成环境平衡紊乱或菌群失调。在正常情况下，人体肠道内的菌群在进化过程中与人体能相互适应，某些菌群能抑制其他菌群的过度繁殖，但若长期摄入抗生素，将使上述平衡紊乱，会因条件致病菌过度繁殖而致病。近年来国外许多专家研究认为，有抗菌药残留的动物性食品，可以对人体胃肠道的正常菌群产生不良影响。

（3）在药物治疗中产生耐药性。自 1928 年亚历山大·弗莱明发现了青霉素，便标志着人类对抗瘟疫进入新纪元。但是，美国微生物学家托马斯教授却警告人们，近年来，由于细菌利用自由飘浮的基因材料发展抗药性，抗生素将很快失去效用。也有专家提出，由于基因可以在生物的染色体间移动，质粒的基因代码中携带有如何抵抗抗生素的信息。对于农作物、畜禽及鱼类的抗生素滥用和误用，不可避免地会蓄积残留于其机体内，甚至残留在相应的蛋、奶中。这样不但激化了病毒的进化，而且使细菌的耐药性直线上升，人们食用后就会把残留的抗生素和耐药菌吸收到人体内，久而久之，健康就会受到一定的影响。

（4）发酵异常。牛乳中抗生素残留可导致牛乳的发酵不能正常完成或出现异常。如发酵酸奶生产中，应用的发酵剂是乳酸菌类，它们对抗生素具有高度的敏感性。如果原料乳抗生素残留超标，食品发酵就不能正常完成，影响奶制品品质，使产量和质量降低，对乳品生产企业造成巨大的经济损失。

47. 原料乳可能会有哪些掺假情况呢？

原料乳掺假问题直接影响乳及乳制品的质量。奶农及鲜奶收购中间环节出于自身经济利益的考虑，常常会在鲜奶中掺假，这不仅会影响乳制品加工企业的产品质量和经济效益，而且会对消费者的身体健康造成危害。向鲜乳中掺杂使假的方式和手段日趋复杂，所用物质也五花八门。根据其目的，原料乳掺假情况归纳起来主要分为两种：一种是向鲜牛乳中掺水来增加鲜乳重量，而掺水变稀的牛乳密度下降，并使酸度、脂肪、蛋白质和乳糖等成分相应降低。加入高密度物质、蛋白替代物、脂肪替代物和增稠剂等，以补充各种成分的不足，非法牟利。另一种是为了达到延长保存期或向已酸败的牛乳中加入防腐剂、抗生素或碱类等，以次充好。

（1）掺入高密度物质。正常牛乳的相对密度在 1.027 ~ 1.034，牛乳单纯掺水使其密度下降，每加入 10% 的水可使相对密度降低 0.003。牛乳掺水同时掺密度较高的其他物质，可使牛乳相对密度维持在正常值范围之内，从而逃避乳制品收购时常规的检测。

常在原料乳中掺入的高密度物质有某些中性无机盐类如食盐（氯化钠）、芒硝（结晶硫酸钠）、人工盐（芒硝和食盐的混合盐）等；多糖类如葡萄糖粉、糖稀、糊精等；有的甚至加入白陶土、广告白、牛尿、饲料添加剂、大理石粉、骨粉等。

（2）蛋白替代物。牛乳掺水后蛋白质含量也会相应下降，为补充蛋白质的量，常被加入蛋白替代物。在原料乳掺假中使用的蛋白替代物，除了有毒害作用的三聚氰胺、皮革水解物外，主要有植物性蛋白、乳清粉和其他一些含氮化合物。

①植物性蛋白：植物性蛋白来源广泛，价格低廉，使用较广泛的有大豆蛋白、小麦面筋蛋白和玉米蛋白。

大豆蛋白产品主要有三种形式：大豆粉、大豆浓缩蛋白和大豆分离蛋白，这三种产品中的蛋白质含量依次增加，而成本价格也相应提高。将大豆粉中的可溶性碳水化合物除去后制成的大豆蛋白精，蛋白质含量和价格均适中。

②乳清粉：乳清是乳制品企业利用牛乳生产干酪时所得的一种天然副产品，将乳清直接烘干后就得到了乳清粉，目前，国内市场上见到的乳清粉全部依赖进口，是国外乳制品企业用鲜奶制备奶酪后的副产品，因此，价格相对全脂奶粉便宜许多，这也为一些不法奶商在交售鲜奶时掺乳清粉提供了可能。因为乳清粉的全部成分都来源于鲜乳，因此，用常规的化学方法很难分辨该乳的真假。

③其他含氮化合物：目前，蛋白质含量的测定主要采用凯氏定氮法，通过测定氮的含量折算蛋白质的量。因此，为增加乳中蛋白质的表观含量，常掺入一些价格低廉或氮含量

高的有机或无机化合物，而这些含氮化合物中根本不含蛋白质，仅仅是含有氮元素而已。如硫酸铵、硝酸铵、碳酸铵以及甘氨酸等。

（3）脂肪替代物。乳脂肪不仅与牛乳的风味有关，同时也是稀奶油、奶油、全脂乳粉及干酪等的主要成分之一。牛乳中的脂肪含量随乳牛的品种及其他条件而异，一般为3%～5%。因此在收购牛乳时，乳脂肪也作为检验牛乳质量的一项指标。掺入脂肪替代物一方面可使乳脂肪的含量达到正常的收购范围，另一方面在向牛乳中掺水的同时不降低鲜乳的正常含脂率。常见的脂肪掺假物主要是低熔点的动、植物油脂类，广为使用的是植脂末。

植脂末又称奶精，是以氢化植物油、酪蛋白为主要原料，再辅以乳化剂、稳定剂、香精、色素等混合而制成的新型产品。可根据用户的不同需要，在生产过程中按其标准生产低脂、中脂、高脂产品。其具有良好的水溶性和分散性，在水中形成均匀的乳液状。

植脂末速溶性好，通过香精调味，风味近似牛乳，在食品加工中可以代替奶粉或减少用奶量，在保持产品品质稳定的前提下，可降低生产成本。因此，常应用在奶粉、咖啡、麦片、调味料及相关产品中。但一些不法奶商也将其用于新鲜牛乳的掺假。

植脂末一般脂肪含量在30%左右，由欧美国家研制而成，其价格只有奶粉的55%，营养价值也不如奶粉，配制出的掺假牛奶营养价值也低。另外，氢化植物油含有大量的反式脂肪酸，反式脂肪酸会使低密度脂增加，高密度脂蛋白胆固醇含量下降。长期摄入反式脂肪含量高的饮食，会提高心脏血管疾病以及动脉硬化等疾病的发生率。如果儿童长期大量摄入含有反式脂肪酸的食品，会干扰必要的脂肪酸代谢，影响儿童生长发育。反式脂肪酸会增加妇女患乳腺癌的风险。

（4）增稠剂。增稠剂是一种食品添加剂，可提高食品的黏稠度或形成凝胶，从而改变食品的物理性状，赋予食品黏润、适宜的口感，并兼有乳化、稳定或使之呈悬浮状态。牛乳加水或酸败后会变稀，黏稠度会下降，掺入增稠剂可以提高黏度。

增稠剂大多属于亲水性高分子化合物，按来源分为动物类、植物类或半合成类，简单地可分为天然和合成两大类。天然品大多数是从含多糖类黏性物质的植物或海藻中制取，如淀粉、果胶、琼脂、明胶、海藻胶、角叉胶、糊精等；合成品有甲基纤维素、羧甲基纤维素等纤维素衍生物、淀粉衍生物、氧化乙烯、聚乙烯吡咯烷酮、聚乙烯醇等。

常见于鲜乳掺假的增稠剂及稳定剂主要有淀粉（实际加入物质常为面粉或米汤）、羧甲基纤维钠、黄原胶、果胶等。

在原料乳中若掺入少量这些可食用的增稠剂，虽降低了乳制品品质，但基本不会对人体产生危害。但是，有的增稠剂是淀粉水解产生的糊精、改性淀粉等，它们本身无毒无害，但和白糖一样容易升高血糖，甚至可能导致更剧烈的血糖反应。有的消费者喝了无糖酸奶后血糖仍会升高，这很可能是掺假使用的增稠剂所致。

（5）防腐剂。为了延长保存期或掩盖原料乳的酸败，除可能加入禁止使用的抗生素和工业用碱类外，还可能向牛乳中加入防腐剂，以次充好。

食品防腐剂是用于保持食品原有品质和营养价值的添加剂，能抑制微生物的生长繁殖，防止食品腐败变质达到延长保质期的目的。国内乳制品中常用的防腐剂有苯甲酸及其钠盐、山梨酸及其钾盐和亚硝酸盐，而在原料乳掺假中除了其他乳制品中常用的防腐剂外，还会出现双氧水、焦亚硫酸钠、甲醛（市售产品为福尔马林）、硼酸和硼砂等，其中，焦亚硫酸钠对掺碱、亚硝酸盐、硝酸盐、葡萄糖、糊精、植脂末、淀粉、豆浆、面汤等的检验都有较大的干扰作用。

目前，我国只批准了 32 种允许使用的食品防腐剂，且都为低毒、安全性较高的品种。只要食品生产厂商所使用的食品防腐剂品种、数量和范围，严格控制在国家《食品添加剂使刷卫生标准》规定的范围之内，食用是比较安全的。但是，若使用不当则会有一定的副作用，长期过量摄入会对人体健康造成损害。

48. 加热会给乳带来哪些影响？

牛乳会因加热而发生一系列变化，其中蛋白质的变化对乳品的质量影响尤为重要。

（1）一般变化。

①形成薄膜：牛乳加热到 40℃ 以上，在牛乳与空气接触的界面即形成薄膜，这是由于液面水分蒸发而形成不可逆的蛋白质凝固物，俗称"奶皮子"，其中 70% 为乳脂肪，20%~25% 为乳蛋白质，而且白蛋白质占多数，随着温度的升高和

加热时间的延长，薄膜厚度增加，形成的薄膜会影响乳制品的均匀性。防止薄膜形成以及防止蛋白质提前凝固的办法是加热时搅拌或减少液面水分的蒸发。

②褐变：牛乳长时间的加热则产生褐变（特别是高温处理时）。褐变的原因，一般认为是由于具有氨基（$-NH_2$）的化合物（主要为酪蛋白）和具有羰基的（$-C=O$）糖（乳糖）之间产生反应形成褐色物质，这种反应称之为美拉德反应。另外，乳糖经高温加热产生焦糖化也形成褐色物质，牛乳中含微量的尿素也被认为是反应的重要原因。褐变反应的程度随温度、酸度及糖的种类而异：温度越高，棕色化越严重；糖的还原力越强（葡萄糖、转化糖），棕色化也越严重。

为了抑制褐变反应，添加 0.01% 左右的 L-半胱氨酸，具有一定的效果。

③蒸煮味：牛乳加热后会产生或多或少的蒸煮味，蒸煮味的程度随加工处理的程度而异。

例如，牛乳经 74℃、15 分钟加热后，则开始产生明显的蒸煮味，这主要是由于 β-乳球蛋白和脂肪球膜蛋白的热变性而产生巯基（$-SH$），甚至产生挥发性的硫化物和硫化氢（H_2S）。蒸煮味的程度随加热温度而异，见表 8。

表 8　加热对牛乳风味的影响

加热温度和时间	风味	加热温度和时间	风味
未加热	正常	76.7℃，瞬间	蒸煮味+
62.8℃，30 分钟	正常	82.2℃，瞬间	蒸煮味++
68.3℃，瞬间	正常	89.9℃，瞬间	蒸煮味+++

④形成乳石：在高温下加热或煮沸牛乳时，在与牛乳接触的加热面上，常出现结焦状物，称为乳石。乳石的形成不仅影响传热，降低热效率，影响灭菌和蒸发水分的效果，而且会造成乳固体的损失。

乳石的主要成分为蛋白质、脂肪与无机物。无机物中主要是钙和磷，其次是镁和硫。乳石形成时，首先形成 $Ca_3(PO_4)_2$ 的晶核，然后伴随乳蛋白为主的固形物沉淀而成长。乳石的形成与牛乳的酸度、泌乳期、加热设备的光滑度、牛乳与加热介质的温差、牛乳在加热过程的流动性等因素有关。

（2）各种成分的变化。

①乳清蛋白的变化：占乳清蛋白质大部分的白蛋白和球蛋白对热都不稳定。牛乳以 61~63℃、30 分钟灭菌时产生蛋白变性现象。例如以 61.7℃、30 分钟灭菌处理后，约有 9% 的白蛋白和 5% 的球蛋白发生变性。牛乳加热使白蛋白和球蛋白完全变性的条件为 80℃、60 分钟；90℃、30 分钟；95℃、10~15 分钟；100℃、10 分钟。

②酪蛋白的变化：正常牛乳的酪蛋白，在低于 100℃ 加热时化学性质不会受影响，140℃ 时开始变性。100℃ 长时间加热或在 120℃ 加热时产生褐变。100℃ 以下的温度加热，化学性质虽然没有变化，但对物理性质却有明显影响。例如以高于 63℃ 的温度将牛乳加热后，再用酸或皱胃酶凝固时，凝块的物理性质产生变化。一般来说，牛乳经 63℃ 加热后，加酸生成的凝块比生乳凝固所产生的凝块小，而且柔软；用皱胃酶凝固时，随加热温度的提高，凝乳时间延长，而且凝块也

比较柔软，用100℃处理时尤为显著。

③乳糖的变化：乳糖在100℃以上的温度长时间加热则产生乳酸、醋酸、蚁酸等，离子平衡显著变化，此外也产生褐变，低于100℃短时间加热时，乳糖的化学性质基本没有变化。

④脂肪的变化：牛乳即使以100℃以上的温度加热，脂肪也不起化学变化，但是一些球蛋白上浮，可加速形成脂肪球间的凝聚体。因此高温加热后，牛乳、稀奶油就不容易分离。但经62~63℃、30分钟加热并立即冷却时，不会产生这种现象。

⑤无机成分的变化：牛乳加热时受影响的无机成分主要为钙和磷。在63℃以上的温度加热时，可溶性的钙与磷减少。例如在60~83℃加热时，减少了0.4%~9.8%可溶性钙和0.8%~9.5%可溶性磷，这是由于可溶性的钙和磷成为不溶性的磷酸钙而沉淀。

49. 冷冻对乳的影响有哪些?

（1）冷冻对蛋白质的影响。牛乳冷冻保存时，如在-5℃下保存5周以上或在-10℃下保存10周以上，解冻后酪蛋白产生凝固沉淀。这时酪蛋白的不稳定现象主要受牛乳中盐类的浓度（尤其是胶体钙）、乳糖的结晶、冷冻前牛乳的加热和解冻速度等影响。不溶解的酪蛋白，其中钙与磷的含量几乎和冷冻前相同。因此，可以认为酪蛋白胶体从原来的状态变成不溶解状态。

冷冻乳中蛋白质的不稳定现象表现为：在冻结初期，牛乳熔化后出现脆弱的羽毛状沉淀，其成分为酪蛋白酸钙。这种沉淀物用机械搅拌或加热易使其分散。随着不稳定现象的加深，形成用机械搅拌后或加热也不再分散的沉淀物。

乳中酪蛋白胶体溶液的稳定性与钙的含量有密切关系，钙的含量越高，则稳定性越差。为提高牛乳冻结时酪蛋白的稳定性，可以除去乳中的一部分钙，也可添加六偏磷酸钠（0.2%）或四磷酸钠，或其他和钙有螯合作用的物质。

此外，冷冻保存期间蛋白质的不稳定现象也与乳糖有密切关系。浓缩乳冻结时，乳糖结晶能够促进蛋白质的不稳定现象，添加蔗糖则可增加酪蛋白复合物的稳定性。糖类中以蔗糖效果为最佳，这种效果是由于黏度增大影响冰点下降，同时有防止乳糖结晶的作用。

冷冻保存牛乳时，保存温度越低，则保存时间越长。熔化冻结乳时的温度，以在82℃水浴锅中熔化效果最好。

（2）冷冻对脂肪的影响。牛乳冻结时，由于脂肪球膜的结构发生变化，脂肪乳化产生不稳定现象，以致失去乳化能力，并使大小不等的脂肪团块浮于表面。当牛乳在静止状态冻结时，由于稀奶油上浮，使上层脂肪浓度增高，因而乳冻结可以看出浓淡层。但含脂率25%~30%的稀奶油，由于脂肪浓度高，黏度也高，脂肪球分布均匀，因此，各层之间没有差别。此外，均质处理后的牛乳，脂肪球的直径在1微米以下，同时黏度也稍有增加，脂肪不容易上浮。

冷冻使牛乳脂肪乳化状态破坏的过程为：首先由于冻结

产生冰的结晶，由这些冰晶聚集成大块时，脂肪球受冰结晶机械作用的压迫和碰撞形成多角形，相互结成蜂窝状团块。此外，由于脂肪球膜随着解冻而失去水分，物理性质发生变化而失去弹性，又因脂肪球内部的脂肪形成结晶而产生挤压作用，液体从脂肪内挤出而破坏了球膜，因此乳化状态也被破坏。防止乳化状态不稳定的方法很多，最好的方法是在冷冻前进行均质处理。

（3）不良风味出现和细菌的变化。冷冻保存的牛乳经常出现氧化味、金属味及鱼腥味。这主要是由于处理时混入金属离子，促使不饱和脂肪酸的氧化，产生不饱和的羟基化合物所致。发生这种情况时，可添加抗氧化剂防止。

牛乳冷冻保存时，细菌几乎没有增加，与冻结前乳相似。

50. 我国对生乳的质量要求是怎样的？

我国国家标准《GB 19301—2010 食品安全国家标准　生乳》对乳品质量提出了具体的要求，主要包括生乳感官指标、理化指标、污染物限量、真菌毒素限量、微生物限量及农药残留限量和兽药残留限量等。

（1）感官要求。生乳的感官要求应符合表 9 所示的规定。

表 9　生乳感官要求

项目	要求
色泽	呈乳白色或微黄色。
滋味、气味	具有乳固有的香味，无异味。
组织状态	呈均匀一致液体，无凝块、无沉淀、无正常视力可见异物。

（2）理化指标。生乳的主要理化指标如表 10 所示。

表 10　生乳主要理化指标

项目	指标	备注
冰点（℃）	-0.560~-0.500	挤出 3 小时后检测。此冰点仅适用于荷斯坦奶牛。
相对密度（20℃/4℃）	1.027	
蛋白质（克/100 克）	2.8	
脂肪（克/100 克）	3.1	
杂质度（毫克/千克）	4.0	
非脂乳固体（克/100 克）	8.1	
酸度（°T）		
牛乳	12~18	
羊乳	6~13	

（3）生乳的污染物限量。生乳的污染物限量要求应符合 GB 2762 的规定。《GB 2762 食品安全国家标准 食品中污染物限量》规定了生乳、巴氏灭菌乳、灭菌乳、发酵乳、调制乳的污染物限量指标为：铅，0.05 毫克/千克；汞，0.01 毫克/千克；砷，0.1 毫克/千克；铬，0.3 毫克/千克；亚硝酸盐（以 $NaNO_2$ 计），0.4 毫克/千克。

（4）微生物限量。规定菌落总数不大于 2×10^6（CFU/克或毫升），（CFU 指单位体积中的细菌群落总数）。

（5）真菌毒素限量。真菌毒素限量应符合 GB 2761 的规定。《GB 2761—2011 食品安全国家标准 食品中真菌毒素限量》规定了乳及乳制品中黄曲霉毒素 M_1 限量为 0.5 微克/千克。

（6）兽药残留限量。标准中明确兽药残留限量应符合国家有关规定和公告。

51. 异常乳有哪些种类？

在乳品工业上通常按乳的加工性质将乳分为常乳和异常乳两大类。

乳牛产犊后 7 天至干奶期前所分泌的乳汁称为常乳。通常，乳牛产后要到 30 天左右乳成分才趋于稳定。常乳是通常用来加工乳制品的原料乳。

当乳牛受到饲养管理、疾病、气温以及其他各种因素的影响时，乳的成分和性质往往发生变化，这时与常乳的性质有所不同，也不适于加工优质的乳产品，这种乳称作异常乳。异常乳的性质与常乳有所不同，但常乳与异常乳之间并无明显区别。国外将凡不适合作饮用的乳或不适用作生产乳制品的乳均称作异常乳。

异常乳可分为生理异常乳、化学异常乳、微生物污染乳及病理异常乳等几大类。

（1）生理异常乳。生理异常乳是由于生理因素的影响，而使乳的成分和性质发生改变。主要有初乳、末乳以及营养不良乳。

①初乳：一般乳牛分娩 7 天内采集的乳汁都称为初乳。初乳中干物质含量较高，脂肪、蛋白质特别是乳清蛋白质含量高，乳糖含量少，灰分含量高。初乳中含铁量为常乳的 3~5 倍，铜含量约为常乳的 6 倍。初乳中含有初乳球，可能是脱

落的上皮细胞或白细胞吸附于脂肪球表面而形成的，在产犊后 2~3 周即消失。随泌乳期延长，牛初乳相对密度呈规律性下降，pH 逐渐上升，酸度下降。由于初乳的化学成分和物理性质与常乳差异较大，对热稳定性差，遇热易形成凝块，所以初乳不能作为乳制品的加工原料。但初乳具有丰富的营养价值，含有大量的免疫球蛋白，对于初乳的加工利用需要在生产上加以调整，采用普通的热加工方式会破坏初乳的营养价值。

②末乳：乳牛一个泌乳期结束前 1 周所分泌的乳称为末乳，末乳的成分与常乳也有明显的差别。末乳中除脂肪外，其他成分均比常乳高，略带苦而微咸味，酸度降低，因其中脂酶含量增高，所以带有油脂氧化味。泌乳末期乳 pH 值达7.0，细菌数达 250 万/毫升，氯离子浓度约为 0.16%。这种乳不适合作为乳制品的原料乳。

③营养不良乳：饲料不足、营养不良的乳牛所产的乳，皱胃酶对其几乎不凝固，所以，这种乳不能制造干酪。

（2）化学异常乳。化学异常乳是指由于乳的化学性质发生变化而形成的异常乳。包括酒精阳性乳、低成分乳、风味异常乳、混入杂质乳等。

①酒精阳性乳：乳品加工厂在检验原料乳时，一般先用68% 或 72% 的酒精进行检验，凡产生絮状凝块的乳称为酒精阳性乳。酒精阳性乳按产生的原因有以下几类，但大多数酒精阳性乳都是由微生物繁殖产酸所造成的。

A. 高酸度酒精阳性乳　挤乳后鲜乳的贮存温度不适时，酸度会升高而呈酒精试验阳性，其原因主要是乳中的乳酸菌生长繁殖产生乳酸和其他有机酸所致。

一般酸度在24°T以上时的乳酒精试验均为阳性。因此挤乳时要注意卫生，并将挤出的鲜乳保存在适当的温度条件下，以免微生物污染繁殖。不同酸度的牛乳被68%酒精凝结的特征如表11所示，生产中可通过酒精试验来判定牛乳的大致酸度，从而判定牛乳是否新鲜。

表11　牛乳不同酸度被68%酒精凝结的特征

牛乳酸度°T	凝结特征
18~20	不出现絮片
21~22	很细小的絮片
23~24	细小的絮片
25~26	中型的絮片
27~28	大型的絮片
29~30	很大的絮片

B. 低酸度酒精阳性乳　有的鲜乳虽然酸度低（16°T以下），但酒精试验也呈阳性，所以称为低酸度酒精阳性乳。这种情况往往在检测时会与高酸度酒精阳性乳混淆，对生产造成很大的损失。

常乳和低酸度酒精阳性乳之间在成分方面的差别表现在：酸度、蛋白质（酪蛋白）、乳糖、无机磷酸、透析性磷酸等的数量较正常乳低，而乳清蛋白、钠离子、氯离子、钙离子、胶体磷酸钙等较正常乳高。另外，分泌低酸度酒精阳性乳的乳牛外观并无异样，但其血液中钙、无机磷和钾的含量降低，有机磷和钠增加，血液和乳汁中，镁的含量都低。总的看来，盐类含量不正常及其与蛋白质之间的平衡不均匀时，容易产生低酸度酒精阳性乳。

低酸度酒精阳性乳的营养成分和微生物指标与常乳没有明显差异，对冷、热处理的稳定性也与常乳基本相同，仍具有可利用的基本条件，并未失去利用价值。在100℃左右加热时，低酸度酒精阳性乳与常乳比较，没有太大的差别。但在苛刻的条件下，如在130℃加热时则比正常乳有容易产生凝固的倾向。研究表明，利用低酸度酒精阳性乳加工消毒乳、酸乳、乳粉等乳制品，其微生物和理化指标都符合乳制品标准的要求，但感官指标中的组织状态和风味欠佳。

低酸度酒精阳性乳的产生与环境因素、饲养管理、生理功能、气象因素等有关。

C. 冷冻乳　冬季因受气候和运输的影响，鲜乳产生冻结现象，导致乳中一部分酪蛋白变性。同时，在处理时因温度和时间的影响，酸度相应升高，以致产生酒精阳性乳。但这种酒精阳性乳的耐热性要比因受其他原因而产生的酒精阳性乳高。

②低成分乳：低成分乳是指由于其他因素影响，而使其营养成分低于常乳的乳。形成低成分乳的影响因素主要有乳牛品种、饲养管理、营养配比、环境温度、疾病等。

③风味异常乳：风味异常乳是指风味与常乳不同的乳。乳中异常风味来源较广，主要有通过畜体或空气吸收的饲料味；由于乳中酶的作用而使脂肪分解产生的脂肪分解味；盛乳器带来的金属味及畜体的气味；乳脂肪氧化产生的氧化味及阳光照射产生的日光味；将乳贮存在有农药及其他化学药

品的房间，会出现农药等气味等。带有异常气味的乳会给乳制品造成风味上的缺陷，带有农药味的乳对人体有害，所以，贮存乳时要注意畜舍及畜体卫生，避免和农药及化学药品一起存放，杜绝乳吸收异味。

④混入杂质乳：混入杂质乳主要指无意识混进杂质的异常乳。如畜体卫生及畜舍环境卫生差时，在挤乳过程中饲料、粪便、昆虫、尘埃等污物掉入乳中，使乳中细菌数增加，乳的品质下降。另外，用机器挤乳时，不严格按要求进行，使金属、棉纱等混入，也对乳质有较大的影响。所以，在挤乳过程中，无论采取什么方法，均要严格按卫生要求进行，同时要注意畜体及环境卫生，防止各种杂质混入乳中。

（3）微生物污染乳。原料乳被微生物严重污染产生异常变化而成为微生物污染乳。由于挤乳前后的污染、不及时冷却和器具的洗涤灭菌不完全等原因，使鲜乳被微生物污染，鲜乳中的细菌数大幅度增加，以致不能用作加工乳制品的原料，而造成浪费和损失。

微生物污染乳中酸败乳是由乳酸菌、丙酸菌、大肠菌、小球菌等造成，导致牛乳酸度增加，稳定性降低；黏质乳是嗜冷、明串珠菌属菌等造成，常导致牛乳黏质化、蛋白质分解；着色乳是嗜冷菌、球菌类、红色酵母引起，使乳色泽黄变、赤变、蓝变；异常凝固分解乳由蛋白质分解菌、脂肪分解菌、嗜冷菌、芽孢杆菌引起，导致乳胨化、碱化和脂肪分解臭及苦味的产生；细菌性异常风味乳由蛋白质分解菌、脂肪分解菌、嗜冷菌、大肠菌引起，导致乳产生异臭、异味；噬菌体污染乳由噬菌体引起，主要是乳酸菌噬菌体，常导致乳中菌体溶解、细菌数减少。

（4）病理异常乳。病理异常乳是指由于病菌污染而形成的异常乳。主要包括乳房炎乳、其他病牛乳。这种乳不仅不能作为加工原料，而且对人体健康有危害。

①乳房炎乳：乳房炎是在乳房组织内产生炎症而引起的疾病，主要由细菌所引起。引起乳房炎的主要病原菌大约60%为葡萄球菌，20%为链球菌，混合型的占10%，其余10%为其他细菌。

乳房炎乳中，钠、氯、非酪蛋白态氮、过氧化氢、白细胞数、pH、电导率等均有增加的趋势；而钙、磷、镁、铁、钾、乳糖、脂肪、酸度、无脂干物质、酪蛋白、相对密度、柠檬酸等均有减少的倾向。因此，凡是氯糖数［（氯%/乳糖%）×100］在3.5以上、酪蛋白氮与总氮之比在78以下、pH值在6.8以上、细胞数在50万个/毫升以上、氯含量在0.14%以上的乳，很可能是乳房炎乳。临床性乳房炎使乳产量剧减，且牛乳性状有显著变化，因此不能作为加工用。非临床性或潜在性乳房炎在外观上无法区别，只在理化或细菌学上有差别。

②其他病牛乳：其他病牛乳主要由患口蹄疫、布氏杆菌病等的乳牛所产的乳，乳的质量变化大致与乳房炎乳相类似。

52. 如何选购鲜牛奶和奶制品？

市场上奶制品琳琅满目、品种繁多，很多时候消费者不知道该选哪一种。以下几点可供消费者参考：选购奶产品除了看品牌，首先应看清营养标识、蛋白质含量以及有无调味剂等添加物，以判别是不是纯奶制品。牛奶应该是没有加水的纯鲜牛奶，原料 100% 为鲜牛奶，其蛋白质含量不低于 2.9%，有的厂家会在其中加钙或维生素，也属于牛奶。不要把含乳饮料或乳酸饮料与纯奶制品混淆。牛奶、酸奶、奶粉在营养价值上并没有很大的差别。不论是鲜牛奶、酸奶、还是奶粉，其中均含有丰富的蛋白质、钙、乳糖以及磷、铁、维生素等元素，都具有很高的营养价值。同时牛奶、酸奶和奶粉各具特点，可根据个人需要选择。牛奶含钙量高且利用率也高，是天然钙质的极好来源，所以提倡每天饮用牛奶。酸奶是将鲜奶加热消毒后接种乳酸菌发酵而成，配料表内增加了乳酸菌和糖两项，其蛋白质含量也应在 2.9% 以上，其中的特殊微生物可抑制人体肠道中的腐败菌，促进营养物质的消化吸收。对乳糖不耐受而喝牛奶拉肚子的人更适合饮用酸奶。如果除此之外还添加了水和调味剂，如香精香料、稳定剂、增稠剂、甜蜜素、安赛蜜、乳酸、柠檬酸、色素等，此类产品即是含乳饮料，其营养成分比纯奶低，蛋白质含量一般不超过 2.0%，有的含乳饮料的蛋白质含量甚至不到 1.0%. 市场上还有一种乳酸饮料，由酸味剂和其他添加剂混合制成，并不含有牛奶，不属于奶制品，而是一种非发酵的调配型饮品。个别厂家在产品名称或包装上刻意突出"乳"和"酸"字，很容易让消费者将其与酸奶或乳酸菌饮料混淆。这些非乳制品虽然口味很受儿童们青睐，但营养价值很低，家长在购买的时候需特别注意产品成分表，不应用其替代鲜牛奶和酸奶给孩子喝。奶粉由鲜奶脱水干燥而成，经过处理后更易

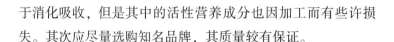

于消化吸收，但是其中的活性营养成分也因加工而有些许损失。其次应尽量选购知名品牌，其质量较有保证。

53. 有关牛奶的小知识你知道多少呢？

（1）开封后的牛奶几小时内喝比较健康？室温下，牛奶开封后存放 8 小时细菌开始繁殖，16 小时后大量繁殖；若饮用后再存放，则 8 小时后细菌大量繁殖。根据乳制品相关标准规定，乳制品中大肠菌群数每升不超过 2 个，细菌总数每毫升不超过 100 个。因此，牛奶开封后若未饮用，最佳饮用时间为 16 小时内，若开封饮用过，则最佳饮用时间在 8 小时内。

（2）全脂奶比脱脂奶更健康吗？不少人选择喝低脂奶、脱脂奶，认为少了脂肪的牛奶对健康更好，而且天气热，脱脂奶更利于减肥。其实脱脂奶去除了绝大多数对人体健康不利的饱和脂肪，降低了胆固醇含量，降低了牛奶的热量，而我们希望从牛奶中获得的主要营养成分—蛋白质无明显变化。可牛奶一旦经过脱脂，就会变得寡淡无味，因为让牛奶产生特殊香味的丁酸被去除了，所以喝起来奶香味淡、口感也不好。而且，脂溶性维生素，如维生素 A、维生素 D、维生素 E、维生素 K 损失惨重，水溶性维生素及矿物质虽有部分保留，但含量明显降低。更可惜的是，牛奶中具有抗癌作用的保健成分——共轭亚油酸也在脱脂过程中被去除了。另外，虽然钙含量降低不多，但由于维生素 D 的减少，钙的吸收率将会受到影响。这样看来，脱脂奶或低脂奶在去除脂肪的同时，也损失了很多重要的营养物质。实际上，与动物内脏、肥肉等脂肪含量较高的食物相比，全脂奶中4%左右的脂肪并不算很高。以每天饮用250毫升牛奶计算，全脂牛奶比脱脂牛奶多出7.5克的脂肪，如果每天炒菜时少放一小勺油，少吃一块肥肉，或者将五花肉换成里脊肉，都可以帮助抵消掉这一部分脂肪。因此，除非是需要控制饮食的糖尿病患者、肥胖人群、心血管病人及脂代谢异常人群，其他健康人群，尤其是青少年，首选全脂牛奶。

（3）炼乳远不如牛奶营养好？炼乳虽然是用鲜牛奶浓缩制成的，但市面上卖的大多都是甜炼乳，是用鲜牛乳按2.5：1比例浓缩，再加入蔗糖或葡萄糖制成。味道太甜，吃的时候要加5倍以上的水稀释，蛋白质和脂肪含量没有鲜牛奶高，糖含量又偏高，营养价值远不及鲜牛奶。

（4）牛奶越喝越缺钙？这种说法是不准确的。北欧居民每日摄入1千克以上的奶类（因为吃很多奶酪，大概5千克奶才能做500克干酪），他们的骨质疏松率却很高；非洲、南亚居民奶类摄入量很少，骨质疏松患者却很少。但不能因此得出结论，只要喝奶就会增加骨质疏松率，逻辑上是不严密的。北欧和中国、非洲、东南亚国家相比，从日照中获得维生素D的数量差异非常大，膳食中蛋白质、维生素K和钾镁元素的摄入量差异很大，体力活动强度和寿命长短方面也差异很大。这些因素都会影响到骨质疏松的发生风险。所以，北欧人骨质疏松率高，不能仅仅归结到奶制品这一个原因上。

（5）牛奶和癌症有关吗？有关牛奶和癌症的关系有很多研究。比较一致的证据是：如果长年累月每天大量摄入奶制品，可能增加前列腺癌和卵巢癌的风险，却有利于预防肠癌；与乳腺癌的关系研究结果不一，尚未确认。有动物实验发现，如果给动物吃大量"酪蛋白"（牛奶中所含的主要蛋白质）会促进致癌物的作用，但少量时并不起作用。事实上，1 杯（200 克）奶中所含酪蛋白的量，仅占一日总能量的 1.2%，比动物实验中的低剂量（5%）还要低，远达不到促癌数量。看看周围人就知道，不喝牛奶酸奶的人照样可能患上癌症，而消费奶类的人当中也有很多长寿者。我国营养学家推荐每天摄入 300 克奶类，包括了牛奶、酸奶、冰淇淋、奶酪等各种含奶食品，没有研究证明这个量能够引起有害健康的作用。

54. 什么是乳糖不耐受？怎么解决？

乳糖是葡萄糖和半乳糖手拉手形成的，必须把它俩的手掰开才好吸收利用，乳糖酶就起到这个作用。乳糖吸收障碍和不耐受症是指有些人随着年龄增长，消化道内缺乏乳糖酶，不能分解和吸收乳糖，使乳糖在肠道内积累而使浓度升高，产生较高的渗透压，引起水分进入肠腔，最终造成胃胀、呕吐、腹痛和腹泻等不适应症。全球有 90% 的成年人不同程度地缺乏乳糖酶，只保留原乳糖酶活力的 5%～10%。婴儿乳糖酶单位是 29（每克蛋白质），耐受乳糖的成年人为 17，不耐受乳糖的成年人为 3，当然个体差异很大。

可通过以下几种方法解决或减轻乳糖不耐受症状。

（1）采取科学的喝奶方式。如不要空腹喝奶；每次饮乳量不宜超过 100 毫升，可以分几次饮用；每天增加一点饮乳量，以便逐渐适应。

（2）酸奶发酵。使得原奶中的乳糖分解成乳酸，蛋白质和脂肪也分解成为小的组分，从而更易消化吸收。对有乳糖不耐受症的人群，喝酸奶最为适宜。

（3）对无法调整体质或是严重的乳糖不耐症患者。可在医生指导下服用乳糖酶制剂，帮助乳糖在体内分解，或是改喝酸奶、低乳糖奶。

（4）乳品加工。乳糖酶将乳中乳糖分解为葡萄糖和半乳糖；或利用乳酸菌将乳糖转化成乳酸，不仅可预防乳糖不耐症，而且可提高乳糖的消化吸收率，改善乳制品口味。

55. 羊奶有什么特殊功效？

我国古代医学家认为，羊奶是润燥消炎止咳良药，推崇羊奶的补益功效。羊奶在欧美国家被视为乳品中的精品，被称作"贵族奶"，国际营养学界将其誉为"奶中之王"。羊奶中干物质含量约为13%，蛋白质3.6%，乳脂肪4.1%，均高于牛奶中的含量。因此羊奶比牛奶营养价值高。研究表明，羊奶中的蛋白质结构与母乳相近，羊奶的蛋白凝块细而软，含有大量的乳清蛋白和乳铁蛋白，羊奶比其他乳制品更易消化吸收，婴儿对羊奶的消化率可达94%以上，是易过敏体质孩子的最佳选择。此外，羊奶脂肪颗粒体积是牛奶的1/3，利于人体吸收。

《中国补品》中记载："山羊奶，功效主滋阴养胃，降火解毒，补肾益精，润肠通便。治干呕反胃，神疲乏力，慢性肾炎，大便干燥秘结，口腔炎，某些接触性皮炎等。"羊奶中含丰富的核酸，对婴幼儿大脑发育、增强智力十分有益；还可促进新陈代谢，减少黑色素生成，使皮肤白净细腻，延迟皮肤衰老，肌肤光嫩有弹性。羊奶中富含与母乳相同的上皮细胞生长因子（EGF），是婴幼儿肠胃及肝脏等器官发育的重要因子，对人体鼻腔、血管、咽喉等黏膜有良好的修复作用，能提高人体抵抗感冒等病毒侵害能力，减少疾病发生。羊奶呈弱碱性，pH 值 7.1~7.2，牛奶呈弱酸性，pH 值为 6.5~6.7。对于老年人来说，性温的羊奶具有较好的滋补作用，能增强免疫力，改善心肌营养，软化血管，对动脉硬化、高血压具有很好的辅助治疗作用。

56. 酸奶有哪些保健作用？

酸奶是以鲜牛奶为原料，加入乳酸杆菌发酵而成，牛奶经发酵后原有的乳糖变为乳酸，易于消化，所以具有甜酸风味，其营养成分与鲜奶大致相同，是一种高营养食品，尤其对胃肠功能紊乱的中老年人以及乳糖不耐受者，更是适宜的营养品。

研究中发现乳酸和钙结合时，最容易被人体吸收，因此酸奶很适合青春期正在发育的青少年或更年期容易患骨质疏松症的妇女来饮用。此外，酸奶营造了一个肠胃道酸性的环境，也能帮助铁质的吸收。酸奶除保留了鲜牛奶的全部营养成分外，在发酵过程中乳酸菌还可产生人体营养所必需的多种维生素，如维生素 B_1、维生素 B_2、维生素 B_6、维生素 B_{12}

等。发酵过程使奶中糖、蛋白质有 20%左右被分解成为小的分子，如半乳糖、乳酸、小的肽链和氨基酸等。奶中脂肪含量一般是 3%~5%，经发酵后，乳中的脂肪酸可比原料奶增加 2 倍。这些变化使酸奶更易消化和吸收，各种营养物质的利用率也得到提高。特别是对乳糖消化不良的人群，吃酸奶也不会发生腹胀、气多或腹泻现象。鲜奶中钙含量丰富，经发酵后，钙等矿物质都不发生变化，但发酵后产生的乳酸，可有效地提高钙、磷在人体中的利用率，所以酸奶中的钙、磷更容易被人体吸收。据诺贝尔奖获得者，俄国食品专家梅契尼柯夫（1845—1916 年）最早对酸奶的研究结果证明：酸奶中含有一种生长活性因子，能增强肌体免疫机能，有利于身体健康，抗病、抗衰老。世界上有很多长寿的地方，居民都有长期饮酸奶的习惯。有研究认为，保加利亚地区人们多长寿是因为多饮酸奶，而日本人整体平均身高的增长也是因为常喝酸奶。

酸奶除了营养丰富外，还含有乳酸菌，所以具有保健作用。这些作用是：

（1）维护肠道菌群生态平衡，形成生物屏障，抑制有害菌对肠道的入侵。

（2）通过产生大量的短链脂肪酸促进肠道蠕动及菌体大量生长改变渗透压而防止便秘。

（3）酸奶含有多种酶，促进消化吸收。酸奶中的乳酸钙极易被人体吸收。

（4）通过抑制腐生菌在肠道的生长，抑制了腐败所产生的毒素，使肝脏和大脑免受这些毒素的危害，防止衰老。

（5）可抑制腐生菌和某些菌在肠道的生长。酸奶中的双岐乳杆菌在发酵过程中，产生醋酸、乳酸和甲酸，能抑制硝酸盐还原菌，阻断致癌物质亚硝胺的形成，起到防癌的作用。欧洲乳业发达的一些国家，认为"一天一杯酸牛奶，妇女甭愁乳腺癌"。

（6）降低血清胆固醇的水平。一些营养学专家发现，酸奶中含有一种"牛奶因子"，有降低人体中血清胆固醇的作用。有实验证明，有人做过实验，每天饮720克酸奶，一周后能使血清胆固醇明显下降。

（7）提高人体免疫功能，乳酸菌可以产生一些增强免疫功能的物质，可以提高人体免疫，防止疾病。

要记住酸奶不能加热喝。酸奶一经加热，所含的大量活性乳酸菌便会被杀死，不仅丧失了它的营养价值和保健功能，也使酸奶的物理性状发生改变，形成沉淀，特有的口味也消失了。因此饮用酸奶不能加热，夏季饮用宜现买现喝，冬季可在室温条件下放置一定时间后再饮用。

57. 酸奶和乳酸饮料是一回事吗？

酸奶与酸奶饮料不是一回事。目前市场上一些生产者把"含乳饮料"打着"酸牛奶"的旗号销售，故意混淆这两种原本不同的产品概念。一些含乳饮料厂家开始在产品名称上大打"擦边球"，在产品包装上用大号字标出"酸奶""酸牛奶""优酸乳"等含义模糊的产品名称，只有细看才能发现旁边还另有几个关键的小字——"乳饮料""饮料""饮品"。

"酸牛奶"和"含乳饮料"是两个不同的概念。在配料上"酸牛奶"是用纯牛奶发酵制成的，属纯牛奶范畴，其蛋白质含量≥2.9%，其中调味酸牛奶蛋白质含量≥2.3%。而含乳饮料只含1/3鲜牛奶，配以水、甜味剂、果味剂。所以蛋白质含量只有不到1%，其营养价值和酸奶不可同日而语，根本不能用来代替牛奶或酸奶。

含乳饮料又可分为配制型和发酵型，配制型成品中蛋白质含量不低于1.0%的称为乳饮料，另一种发酵型成品中其蛋白质含量不低于0.7%的称为乳酸菌饮料，都有别于真正的酸奶或牛奶。根据包装标签上蛋白质含量一项可以把它们与酸奶或牛奶区别开来。

58. 禽蛋的营养价值如何？

禽蛋的营养价值主要决定于蛋白、蛋黄的含量及其组成比例、化学成分。禽蛋的营养成分极为丰富，它含有人体所必需的优良蛋白质、脂肪、类脂质、矿物质及维生素等营养物质，而且消化吸收率非常高，堪称优质营养食品。

（1）禽蛋具有较高的能量。禽蛋具有较高的热值，其成分中约有1/4的营养物质具有热值。因为糖的含量甚微，而热值是由所含的脂肪和蛋白质决定的。一般禽蛋的热值低于猪肉、羊肉，但高于牛肉、禽肉和乳类。

（2）禽蛋富含价值较高的蛋白质。禽蛋不仅具有较高的热值，而更重要的是它富含营养价值较高的蛋白质。通常食品蛋白质营养价值的高低，可以从蛋白质的含量、蛋白质消化率、蛋白质的生物价和必需氨基酸含量四方面来衡量。禽蛋蛋白质从这四方面来测定，都可达到理想的标准值。

①蛋白质含量：禽蛋所含的蛋白质主要是卵白蛋白，蛋黄中含有丰富的卵黄磷蛋白，这些都属完全蛋白质。这些完全蛋白质中有很多种是人体必需的氨基酸。在评定一种食品蛋白质的营养价值时，应以含量为基础。因为即使营养价值很高，但含量太低，亦不能满足机体的需要，无法发挥优良蛋白质的作用。在日常食物中，粮谷类每 500 克含蛋白质 40 克左右，豆类 150 克，蔬菜 5～10 克，肉类 80 克，蛋类 60 克，鱼类 50～60 克。由此来看，蛋类的蛋白质含量仅低于豆类和肉类，而高于其他食物，也属于蛋白质较高的重要食物。

②蛋白质消化率：蛋白质消化率是指一种食物蛋白质可被消化酶分解的程度。蛋白质消化率越高，则被机体吸收利用的可能性就越大，其营养价值也越高。

一般按常用方法烹调食物时，蛋类的蛋白质消化率为98%，奶类 97%～98%，肉类 92%～94%，米饭 82%，面包79%，马铃薯为 74%。由此可见，蛋类的蛋白质消化率很高，是其他许多食品无法比拟的。

③蛋白质生物价：生物价是表示蛋白质消化吸收后在机体内被利用程度的重要指标。鸡蛋蛋白质的生物价均高于其他动植物性食品的蛋白质生物价。由此，也反映出禽蛋蛋白质营养价值是比较高的。

④必需氨基酸的含量及其相互比例：必需氨基酸是人体需要而不能自身合成，必须由食物供给的氨基酸。评定一种食物蛋白质营养价值高低时，还应当根据其 8 种必需氨基酸

的种类、含量及相互间的比例来判断。禽蛋内的蛋白质不仅必需氨基酸种类齐全，含量丰富，而且必需氨基酸的数量及其相互间的比例也很适宜，接近人体的需要，是一种理想的蛋白质，其含量见表 12。

表 12　蛋类必需氨基酸含量（毫克/100 克）

	缬氨酸	亮氨酸	异亮氨酸	苏氨酸	苯丙氨酸	色氨酸	蛋氨酸	赖氨酸
鸡蛋	866	1 175	639	664	715	204	433	715
鸭蛋	853	1 175	571	806	861	211	595	704
鹅蛋	1 070	1 332	706	996	876	234	625	1 072

（3）禽蛋中的脂类物质。禽蛋中含有 11%~15% 的脂肪，而脂肪中有 58%~62% 的不饱和脂肪酸，其中油酸和亚油酸是必需脂肪酸，含量丰富。

禽蛋中的脂肪绝大部分存在于蛋黄中，约占蛋黄的 1/3 左右。脂肪中富含磷脂和固醇类，其中磷脂（卵磷脂、脑磷脂和神经磷脂）对人体的生长发育非常重要，是大脑和神经系统活动所不可缺少的重要物质。固醇是机体内合成固醇类激素的重要成分。同时脂质溶解温度接近于体温，故容易消化，消化率达 93% 左右。

（4）禽蛋中的矿物质。禽蛋中含有约 1% 的灰分，其中钙、磷、铁等无机盐含量较高，相对其他食物而言，蛋黄中的铁含量高，且易被人体消化吸收利用，其利用率达 100%。因此，蛋黄是婴幼儿及贫血性患者补充铁的良好食物。

（5）禽蛋中的维生素。禽蛋中除缺乏维生素 C 外，富含维生素 A、维生素 D、维生素 B_1、维生素 B_2 和维生素 B_5 等，

它们绝大部分在蛋黄内。蛋白中以维生素 B_2 和烟酸为主。

（6）禽蛋中的糖类。禽蛋中的糖主要是葡萄糖，含量较少，主要集中在蛋黄内。

59. 如何进行禽蛋的质量鉴定与分级？

（1）禽蛋的质量指标。禽蛋的质量易受温度、湿度、运输、保藏等外界条件的影响而发生变化，优劣不一。禽蛋的质量指标是对鲜蛋进行质量鉴别和评定等级的主要依据。主要有：

①蛋的形状：蛋的形状常用蛋形指数（蛋长径与短径之比）来表示。标准禽蛋形状为椭圆形。蛋形指数为 1.3～1.35。指数大于 1.35 为细长形，小于 1.30 者为近似球形。这两种形状的蛋在贮藏运输过程中极易破伤。所以在包装分级时，要根据情况区别对待。

②蛋壳状况：蛋壳是影响禽蛋商品价值的主要指标。质量正常的蛋壳表面清洁，无禽粪、无杂草及其他污物黏结，蛋壳完好，无损，无咯窝，无裂纹及流蛋白等。壳应当是各种禽蛋所固有的色泽，表面无油光亮现象。

③蛋的重量：蛋的重量除与禽的品种有关外，还与蛋的贮存时间有较大关系。贮存时，蛋内水分不断向外蒸发，贮存时间越长，蛋越轻。不同重量的蛋，其蛋壳、蛋白、蛋黄等的组成比例也不同。所以，蛋的重量是评定蛋新鲜程度的一个重要指标。

④蛋的比重：比重又称相对密度。蛋的比重与重量大小

无关，而与蛋类存放时间长短、饲料及产蛋季节有关。一般鲜蛋比重在 1.08~1.09 之间。

⑤蛋白状况：蛋白是评定蛋的质量优劣的重要指标。质量正常的蛋，其蛋白状况应当是浓厚，蛋白含量多，占全蛋白的 50%~60%，无色，透明，有时略带淡黄绿色。灯光透视时，蛋内透光均衡一致，表示蛋的质量优良。

⑥蛋黄状况：蛋黄也是表明蛋质量的主要指标之一。用灯光透视时，以看到蛋黄的暗影为好，若暗影明显靠近蛋壳，表明蛋的质量差。打开蛋后，常测量蛋黄指数（蛋黄高度与蛋黄直径之比）来评定蛋的新鲜度。

⑦系带状况：质量正常的蛋，系带粗白而有弹性，位于蛋黄两侧，明显可见。如果变细并与蛋黄脱离，甚至消失时，表明蛋的质量下降，易出现不同程度的黏壳蛋。

⑧胚胎状况：鲜蛋的胚胎应无受热或发育现象。未受精蛋的胚胎在受热后发生膨大现象；受精蛋的胚胎受热后发育，最初产生血环，最后出现树枝状的血管，形成血环蛋或血筋蛋。

⑨气室状况：气室是评定蛋质量的重要因素，也是灯光透视时观察的首要指标。鲜蛋气室很小，若气室增大，表示蛋的质量降低。

⑩蛋内容物状况：质量正常的蛋，打开后有轻微的腥味（这与蛋禽吃饲料有关），无其他异味。煮熟后，气室处无异味，蛋白色白无味，蛋黄味淡而有香气。若打开蛋后闻到臭气味时，则是轻微的腐败。严重腐败的蛋可在蛋壳外面闻到内容物分解出的氨及硫化氢的臭气味。

⑪微生物指标：微生物指标是评定蛋新鲜程度和卫生状况的重要指标。蛋质量优良，应当无霉菌和细菌生长现象。

（2）禽蛋的质量鉴定。质量鉴定是禽蛋生产、经营、加工中的主要环节之一，它直接影响到商品等级，市场竞争力和经济效益等。目前鉴定方法大致分为感官鉴定、光照鉴定、理化鉴定和微生物学检查等。

①感官鉴定：感官鉴定方法是人们最常用的几种较为普遍的简易鉴定方法之一，即不用任何验蛋工具和设备，主要是凭检验人员的技术经验和感觉器官的视觉、听觉、嗅觉、触觉等来鉴定蛋的质量。

眼看：用肉眼观察蛋壳完整、表皮呈粉色状，色泽鲜明，清洁，附有一层粉状胶质薄膜，无皮损或无异样者为鲜蛋。如果蛋壳表皮粉霜脱落，壳色油光或灰者为陈蛋。

耳听：将鲜蛋放在手中，轻轻摇动，无响声是鲜蛋，若发出响声，则多为陈蛋、腐败蛋或散黄蛋。用手轻敲蛋壳，如有石子相碰样的清脆咔咔声为鲜蛋，若发出响声或空音，则为陈蛋。

鼻嗅：新鲜鸡蛋无异味，新蛋鸭蛋有一种腥气味。有些蛋虽然有异味，但属外源污染，其蛋白和蛋黄正常。

手感：用手拿2~3个蛋在手里相互轻轻碰撞，或用手指轻轻敲蛋壳，有清脆的咔咔声，也可凭手的感觉掂蛋的质量。一般新鲜蛋感觉较重。如果响声空洞，掂起来手感轻飘，摇晃时内容物有些动荡，则为陈蛋。

②光照鉴定：光照鉴定是通过光来检查蛋的内部情况，可以弥补感官鉴定之不足。光照鉴定法可分为日光照蛋和灯

光照蛋两种。

日光照蛋：拿蛋对向日光透视，新鲜蛋呈微红色，半透明状，蛋黄轮廓清晰。坏蛋不透明或有污染。利用太阳光线来鉴定蛋的质量，一般分暗室照蛋和纸筒照蛋两种。即在暗室里朝阳方向的墙壁上安装开有1~2个圆形小孔的木板，孔径略小于蛋，通过射入孔内光线进行照蛋，或用厚纸卷成长15厘米，一端粗，一端略细的纸筒，将蛋放在筒的粗头，对着阳光透视检查。

灯光照蛋：把蛋对着灯光透视，新鲜蛋清亮透明，蛋白、蛋黄有明显的分界，蛋端部分气室很小；坏蛋则有黑点甚至部分或全部变黑，蛋黄散开。

灯光照蛋法一般分为手工照蛋和机械照蛋两种。手工照蛋是利用照蛋器进行。照蛋器有单孔，对面孔和对面双孔（即每个人同时使用两孔）三种，内部安装电灯光源。若蛋的结构和成分等发生变化时，光线照视下呈现各自的特征，借此可鉴别蛋的好坏。机械照蛋是利用自动输送式的机械进行连续照蛋。按工作程序可分为上蛋、整理、照蛋、装箱四个部分。灯光照蛋，常见有以下几种情况。

一是鲜蛋：蛋壳表面无任何斑点和斑块，内容物透亮，呈淡橘红色，气室不超过5毫米，固定在蛋的大头，不移动，蛋黄不见，或略见阴影，位居中心或稍偏。系带粗浓呈淡色条带状，胚胎看不见，无发育现象。

二是破损蛋：是在收购、包装、贮运过程中受到损伤的蛋。包装裂纹蛋、咯窝蛋、流清蛋等容易受到微生物的感染和破坏，不适合贮藏，应及时处理，可加工成冰蛋品等。

三是陈次蛋：包括有陈蛋、靠黄蛋、红贴皮蛋、热伤蛋等。

A. 陈蛋　又称为陈旧蛋，是存放时间过久，蛋内水分被蒸发，透视时，气室大，蛋黄阴影较明显，不在蛋的中心，蛋黄膜松弛，蛋白稀薄，打开后蛋黄平坦，见图14。

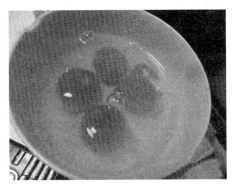

图14　陈蛋

B. 靠黄蛋：是蛋黄已离开中心，靠近蛋壳，但尚未贴在蛋壳上，故称靠黄蛋。它是由陈蛋演变而成的。透视时，气室增大，蛋白更稀薄，明显地看到蛋黄的暗红色影子，靠皮移动，同时系带松弛，变稀变细，使蛋黄始终向蛋白上方浮动而成靠黄蛋。

C. 红贴皮蛋：又称为搭壳蛋，是靠黄蛋进一步发展而成的。透视时，气室稍大，蛋黄有少部分贴在蛋壳的内表面上，在贴皮处呈红色，故称红贴皮蛋。根据其贴皮的程度不同，分为轻度红贴和重度红贴两种。轻度红贴在壳内黏着有绿豆大小的红点，又称为"红丁"，如果用力移动，蛋黄会因惯性作用离开蛋壳变为靠黄；重度红贴的蛋黄在壳内黏着的面积较大，又称"红搭"，且牢固地贴在壳上，透视时，阴影很明显。

D. 热伤蛋：禽蛋因受热过久，导致胚胎虽未发育，但已膨胀者叫热伤蛋。这种蛋透视时，可见胚胎增大但无血管出现，蛋白稀薄，蛋黄发暗增大。

以上四种陈次蛋，均可食用，但不宜长期贮藏。须及时采取措施，应尽快消费或加工成冰蛋品。

四是劣质蛋：常见的有黑贴皮蛋、散黄蛋、霉蛋和黑腐蛋四种。

A. 黑贴皮蛋：是红贴皮蛋进一步发展而成的。灯光透视时，可见到蛋黄大部分贴在蛋壳某处，呈现较明显的黑色影子，故称黑贴皮蛋。气室较大，蛋白极稀薄，蛋内透光度大大降低。蛋内出现霉菌斑点或小斑块，内容物有异味，已不能食用。

B. 散黄蛋：是蛋黄膜破裂，蛋黄内容物和蛋白相混的蛋，统称散黄蛋，如图16。按其散黄程度不同，分为轻度散黄和重度散黄两种。轻度散黄蛋在透视时，气室高度、蛋白状况和蛋内透光度等均不定。有时可见到蛋内呈云雾状，这是由于蛋白和蛋黄尚未混匀，尚有少量浓厚蛋白存在，蛋黄内容物尚未深刻分解所致。重度散黄蛋，在透视时，气室大且流动，蛋内透光度差，呈均匀的暗红色，手摇时有水声，并且蛋内常有霉菌和细菌滋生，见图15。

鲜蛋在运输过程中受到剧烈的振动，使蛋黄膜破裂，而造成散黄蛋，以及长期存放，蛋白质中的水分渗入卵黄使卵黄膜破裂造成散黄蛋，在打开时一般无异味，均可及时食用

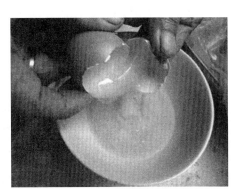

图 15　散黄蛋

或加工成冰蛋品。如果细菌浸入蛋内，细菌分泌的蛋白分解酶分解蛋黄膜，使之破裂形成的散黄蛋有浓臭味，不可食用。

C. 霉蛋：凡是蛋白滋生霉菌的蛋统称为霉蛋。此蛋透视时，蛋壳内有不透明的灰黑色霉点或霉块。打开时，蛋液中有较多霉斑，有较严重发霉气味者，则不可食用。

D. 黑腐蛋：又称为老黑蛋，腐败蛋，是各种劣质蛋因细菌在蛋内大量繁殖而严重变质的蛋。蛋壳呈乌灰色，透视时，蛋内全部不透光，呈灰黑色，打开后蛋液呈灰绿色或暗黄色，并有恶臭味，这种蛋不得食用。

禽蛋的质量分级：

禽蛋的分类分级一般从两方面来确定：一方面是从禽蛋的外表检查；另一方面是通过光照透视蛋的内部情况。

为了维护生产者的利益和消费者的不同需要，国家对鲜蛋制定了卫生标准 GB 2749—2003。目前尚未有全国统一的收购等级标准颁布，也没有统一的销售分级标准。但各地区制定的标准大同小异。一般主要按蛋壳的外形、气室大小、蛋的内容物好坏，以及有无异物等，将收购、销售标准分为三级。

（1）一级蛋。鸡蛋、鸭蛋、鹅蛋，不论大小，凡是新鲜、清洁、干燥、无破损者（仔鸭蛋除外）均按一级蛋收购；成批仔蛋，裂纹蛋，大血筋蛋，泥污蛋和雨淋蛋，按一级蛋折价销售。

（2）二级蛋。蛋品质新鲜，蛋壳上的泥污、粪污、血污面积不超过50%为二级收购品；咯窝蛋、粘眼蛋、黏眼蛋（小口流清、头照蛋、靠黄蛋）等为二级销售品。

（3）三级蛋。新鲜雨淋蛋，水湿蛋，包括水洗蛋、仔鸭蛋（每只不足400克的不收）和污壳面积超过50%的鸭蛋，可为收购三级品；大口流清蛋、红贴壳蛋、散黄蛋、外霉蛋等为销售三级品。

60. 禽蛋在贮藏时会发生哪些变化？

由于鲜蛋在流通过程中所处的环境条件不同，贮藏方法不同，其内容物会发生各种变化。

（1）物理和化学变化。

①质量变化：蛋的质量变化是自蛋产下来就开始了的，但变化很少。蛋的质量变化与保管中的温度、湿度、蛋壳的气孔大小，数量多少，蛋壳膜透气程度有关。保管条件不佳，会使蛋中水分大量蒸发，质量减轻。但其中起主要作用的是温度和湿度条件。另外贮藏时间越长，蛋的质量越小。

②气室变化：随着蛋的质量减少，其气室相对变大。影

响气室变化的主要因素是贮存时间和外界温湿度条件。存放时间越长，重量损失越多，气室逐渐增大，所以由气室的大小，可判断蛋的新陈程度。

③水分的变化：鲜蛋在一定的温度、湿度条件下，随着贮存的延长，蛋内水分逐渐发生变化。蛋白的水分一方面通过蛋壳孔向外蒸发；另一面是渗透压的作用，向蛋黄内移动，使蛋黄中的含水量增加。在同样温度条件下（6℃），浓厚蛋白中的蛋黄与在稀薄蛋白中的蛋黄比较前者增加水分较少。所以在自然状态下，蛋黄水分增加的速度与浓厚蛋白"水样化"（浓厚蛋白变成稀薄蛋白称为浓厚蛋白的水样化），蛋白pH值变化，蛋黄膜强度的变化也有着间接的关系。

蛋白的水分向蛋黄内渗透的数量及速度与贮存的温度、时间有直接关系，温度越高渗透速度越快，贮存时间越长，渗透到蛋黄中的水分也越多。随着蛋中水分的蒸发，蛋内容物体积的缩小，气室容积增大，见图16。因此，气室容积的增大与贮存时间成正比关系。

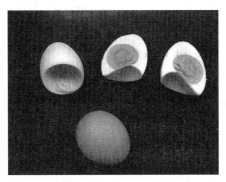

图16　增大的气室

④蛋白层的变化：鲜蛋在贮存过程中，由于浓厚蛋白变稀作用，蛋白层之间的组织比例将发生显著变化，浓厚蛋白逐渐减少，稀薄蛋白增加。随着浓厚蛋白的变稀，浓厚蛋白高度也降低，而且温度越高，变化越快，温度低则变化缓慢。浓厚蛋白的减少，将降低溶菌酶的灭菌作用，蛋的耐贮性也将大大降低。因此降低保存温度是防止和延缓浓厚蛋白变稀的有效措施。

⑤系带的变化：浓厚蛋白变稀或水样化的同时，往往系带也随之变化，甚至消失，这是由于系带的组成与浓厚蛋白的组成有相似之处，两者有密切关系。新鲜系带附着的溶菌酶的含量，是蛋白中溶菌酶含量的 2~3 倍。比较新鲜蛋和贮藏蛋中系带的含量，糖量的变化，以及浓厚蛋白中的卵黏蛋白的含糖量的变化，可以明显地看出，贮藏蛋的含糖量都是减少的，但是将溶菌酶除去的系带，和蛋白在同样条件于无菌状态贮藏，没有发生不溶性卵黏蛋白的变化。

⑥蛋黄膜的变化：鲜蛋在贮藏中蛋黄的变化最明显的表现是蛋黄系数减少。蛋黄系数的变化，被认为起因于蛋黄膜性状的变化，与蛋黄吸收水分没有直接关系。因而蛋黄系数作为反映蛋黄膜强度的指标，可以用蛋黄膜弹性的强弱和蛋黄膜强度的增加或减少来衡量蛋的新陈程度。

鸡蛋在贮藏时，1 个月内蛋黄膜强度稍有增加，以后则逐渐减少，2 个月后其强度降低越来越明显。

⑦蛋内容物成分的变化：

A. 蛋白成分的变化　鲜蛋在 0℃下贮存 4 个月，蛋白质的含量比例发生变化，卵类黏蛋白和卵球蛋白的含量比例增加，而卵白蛋白和溶菌酶的含量比例减少。12 个月后，卵白蛋白 A_1 的含量减少，而卵白蛋白 A_2 和 A_3 的含量增加，发生这些变化，被认为是卵球蛋白部分的增加和溶菌酶的减少所致。贮藏蛋的蛋白黏性减少与上述蛋白质含量的变化有关。

B. 蛋黄成分的变化　鲜蛋在贮藏中，不仅蛋白内的成分有所变化，蛋黄内成分也发生变化。在 0℃ 下贮藏 12 个月的蛋，其蛋黄成分的变化是，卵黄球蛋白和磷脂蛋白的含量减少，而低磷脂蛋白的含量增加。在 30℃ 下贮藏 20 天，磷脂蛋白和高鳞蛋黄磷蛋白的性质不发生变化，0℃ 下贮藏 6 个月的蛋中，磷脂蛋白和低密度脂蛋白在卵黄中的含量同新鲜蛋比较没有差别。

C. 无机物成分的变化　鲜蛋在贮藏期间无机物含量也发生一些变化，在 30℃ 下贮藏 20 天，蛋的浓厚蛋白和稀薄蛋白（水样化的蛋白）的无机物成分变化在浓蛋白和水样蛋白中基本上没有差别。其中钙、镁、二氧化碳的含量随着贮藏时间的延长而减少，而铁的含量却相应的增加。

（2）生理化学变化。鲜蛋在保存期问，25℃ 以上会引起胚胎（胎盘）的生理化学变化，使受精卵的胚胎周围产生网状的血丝，此种蛋称为胚胎发育蛋，使未受精卵的胚胎有膨大现象，称为热伤蛋。胚胎发育蛋，又因胚胎发育程度不同而分为血圈蛋、血筋蛋和血环蛋。

①血圈蛋：受精卵因受热而胚胎开始发育，照蛋时，蛋黄部位呈现小血圈。

②血筋蛋：由血圈蛋继续发育形成，照蛋时，蛋黄呈现网状血丝，打开后胚胎周围有网状血丝或树枝状血管，蛋白

变稀，无异味。

③血环蛋：由胚胎发育后死亡或由血筋蛋胚胎死亡形成。蛋壳发暗，手摸有光滑感，照蛋时，可见蛋内有血丝或血环，蛋黄透光增强，蛋黄周围有阴影。打开后蛋黄扩大扁平，颜色变淡，色泽不均匀，蛋黄中存在大量血环，环中和周围可见少许血丝，蛋白稀薄无味。

热伤蛋与胚胎发育蛋不同，这种蛋胚胎未发育，对未受精卵的胚胎，受热较久有膨大现象，照蛋时，虽见胚胎增大，但无血管出现，炎热的夏季最易出现热伤蛋。在夏季，鸡蛋外壳和内容物的菌落总数在总体上随着贮藏时间的增加呈上升趋势，贮藏时间越长，鸡蛋受污染的程度就越大，贮藏时间超过 25 天，鸡蛋将会变质而不能食用。

蛋的生理学变化，常引起蛋的质量降低，耐贮性也随之降低，甚至会引起蛋的腐败变质。实践表明，低温保藏是防止生理学变化的重要措施。

据研究，在低温条件下储藏到第 21 天时，蛋重、蛋形指、蛋壳厚度、蛋壳强度、蛋黄色泽和蛋黄比率均与第 0 天之间差异不显著，仅哈氏单位比第 0 天低 6.78%。第 56 天测定的蛋重比第 0 天低 5.63%。在蛋壳厚度上，第 7、第 14、第 21 天的测定值低于其他各次的测定值。第 14 天测定的蛋壳强度和蛋黄色泽相对较低，低于其他各组的测定结果。哈氏单位随着储藏时间的延长而变低，第 0 天的哈氏单位最高为 84.30，显著高于其他测定组；第 7 ~ 21 天之间降低为 78.93，到第 56 天仅为 71.60。蛋黄比率随着储藏时间的延长有增大的趋势，第 56 天的蛋黄比率比第 0 天的高 5.5%。

61. 这几种有关鸡蛋的说法对吗？

（1）蛋壳颜色越深，营养价值越高。鸡蛋壳的颜色与营养价值的关系并不大。分析表明，鸡蛋的营养价值高低主要取决于饲料的营养结构与鸡的摄食情况，与蛋壳的颜色无多大关系。从感官上看，蛋清越浓稠，表明蛋白质含量越高，蛋白的品质越好。正常情况下，蛋黄颜色较深的鸡蛋营养价值稍高一些。

（2）鸡蛋怎么吃营养都一样。鸡蛋吃法是多种多样的，有煮、蒸、炸、炒等。就鸡蛋营养的吸收和消化率来讲，煮、蒸蛋为 100%，嫩炸为 98%，炒蛋为 97%，荷包蛋为 92.5%，老炸为 81.1%，生吃为 30%~50%。由此看来，煮、蒸鸡蛋应是最佳的吃法。

（3）鸡蛋与豆浆同食营养价值高。豆浆性味甘平，含植物蛋白、脂肪、碳水化合物、维生素、矿物质等很多营养成分，单独饮用有很好的滋补作用。豆浆中含有胰蛋白酶抑制物，能抑制人体蛋白酶的活性，影响蛋白质在人体内的消化和吸收。鸡蛋的蛋清里含有黏性蛋白，可以同豆浆中的胰蛋白酶结合，使蛋白质的分解受到阻碍，从而降低人体对蛋白质的吸收率。

（4）煮鸡蛋的时间越长越好。鸡蛋煮的时间过长，蛋黄中的亚铁离子与蛋白中的硫离子化合生成难溶的硫化亚铁，很难被吸收。油煎鸡蛋过老，鸡蛋清所含的高分子蛋白质会变成低分子氨基酸，这种氨基酸在高温下常可形成对人体健康不利的化学物质。煮鸡蛋最好是凉水下锅，水开了再煮 3 分钟即可。这时鸡蛋呈溏心状，营养成分最利于人体吸收。不同煮沸时间的鸡蛋，在人体内消化时间是有差异的。"3 分钟鸡蛋"是微熟鸡蛋，最容易消化，约需 1 小时 30 分钟；"5 分钟"鸡蛋是半熟鸡蛋，在人体内消化时间约 2 小时；煮沸时间过长的鸡蛋，人体内消化要 3 小时 15 分。

（5）生鸡蛋比熟鸡蛋更有营养。有人认为，生吃鸡蛋有润肺及滋润嗓音的功效。事实上，生吃鸡蛋不仅不卫生，容易引起细菌感染，而且并非更有营养。

①生鸡蛋难消化，浪费营养物质。人体消化吸收鸡蛋中的蛋白质主要靠胃蛋白酶和小肠里的胰蛋白酶。而生鸡蛋中的蛋清里有一种抗胰蛋白酶的物质，会阻碍蛋白质的消化和吸收。

②生鸡蛋里含有抗生物素蛋白，影响食物中生物素的吸收，容易使身体出现食欲不振、全身无力、肌肉疼痛、皮肤发炎、脱眉等"生物素缺乏症"。

③生鸡蛋的蛋白质结构致密，并含有抗胰蛋白酶，有很大部分不能被人体吸收，只有煮熟后的蛋白质才变得松软，才更有益于人体消化吸收。

④大约 10%的鲜蛋里含有致病的沙门菌、霉菌或寄生虫卵。如果鸡蛋不新鲜，带菌率就更高。

⑤生鸡蛋还有特殊的腥味，也会引起中枢神经抑制，使唾液、胃液和肠液等消化液的分泌减少，从而导致食欲不振、消化不良。因此，鸡蛋要经高温煮熟后再吃，不要吃未熟的鸡蛋。

62. 土鸡蛋与"洋"鸡蛋的营养不一样吗？

（1）水分。据资料，经试验对比和分析，洋鸡蛋（规模养殖或笼养鸡所产蛋）的鲜蛋重明显高于散养鸡的蛋重。主要是因为蛋鸡品种差异和遗传因素造成的。全鲜蛋中规模养殖鸡蛋的水分含量高于散养鸡蛋。估计是因为笼养鸡日饮水量高于散养鸡。

（2）蛋白质。蛋白质的含量两者无明显差异。

（3）脂肪。脂肪含量散养鸡蛋明显高于笼养鸡蛋。农村散养鸡的产蛋率明显低于全价饲料笼养鸡蛋，生长卵泡达到成熟时的时间长，即卵黄积累的过程需要的时间长，脂肪的含量高可能与此有关。脂肪含量高，也是农村散养鸡蛋好吃的主要原因。散养鸡蛋的蛋黄深于笼养鸡蛋的蛋黄，主要因为散养鸡受光照时间长，采食较杂的原因。

（4）微量元素。据试验，土鸡蛋七种微量元素含量分别为：铁 10.10 毫克/千克、锌 10.41 毫克/千克、钙 320.67 毫克/千克、镁 58.42 毫克/千克、铜 0.79 毫克/千克、锰 0.57 毫克/千克、锡 0.39 毫克/千克。笼养鸡蛋则为：铁 8.72 毫克/千克、锌 9.23 毫克/千克、钙 276.81 毫克/千克、镁 59.78 毫克/千克、铜 1.37 毫克/千克、锰 0.69 毫克/千克、锡 0.79 毫克/千克。土鸡蛋（散养鸡蛋）中的锌、铁、钙微量元素均比笼养鸡鸡蛋高，但其镁、铜、锰、硒含量均比笼养鸡鸡蛋低。

综上所言，就营养价值来讲，土鸡蛋并不比笼养鸡鸡蛋高多少，但土鸡蛋具有无污染、天然绿色的优势，比笼养鸡鸡蛋更容易获得人们的青睐。

63. 影响鸡蛋质量安全的因素有哪些？

（1）微生物因素。研究表明，大约10%的鲜蛋带有致病菌、霉菌或寄生虫卵，其中致病菌主要是沙门氏菌，蛋内常发现的微生物主要有细菌和霉菌，且多为好气性，但也有厌气性。蛋内发现的细菌主要有葡萄球菌、链球菌、大肠杆菌、变形杆菌、假单胞菌属、芽孢杆菌属、沙门氏菌属等。霉菌有曲霉属、青霉属、毛霉属等。

蛋中的微生物主要来自两个途径，一是来自产前污染，二是来自产后污染。

产前污染主要是由于禽蛋在产蛋前，禽类已经患某些传染病时，病原微生物经血液进入卵巢，成为蛋的成分之一，因此，在蛋的形成过程中受到这些病原微生物的污染。例如鸡感染鸡白痢、禽副伤寒等沙门氏菌病时，产出的蛋中常有沙门氏菌。另外，产蛋时，蛋由蛋禽的卵巢和泄殖腔产出，禽类卵巢、泄殖腔带菌率很高，因此产蛋时这些细菌就有可能附着于蛋壳上污染鸡蛋，甚至蛋黄也有可能被污染，生吃很容易引起寄生虫病、肠道病或食物中毒。

产后污染，主要在蛋的生产、收购、运输、贮藏的环节。蛋在收购运输储藏过程中还可因人手及装蛋容器上的微生物污染致使蛋壳表面带有大量微生物。而且蛋壳表面的微生物可通过蛋壳上无数的气孔进入蛋内。蛋壳表面所携带的鸡粪、饲料粉尘、灰尘、血迹、细菌等可能在一定程度上影响鸡蛋的生物安全，主要方式表现在对禽蛋贮存及内容物的影响上。

蛋壳上和内容物的微生物种类有所不同。产下的蛋，若已被污染且贮存时间较长，蛋壳上的微生物就会大量繁殖。即使是净壳蛋，也因肛门附近带有细菌而使蛋壳污染。新产下的蛋，其内容物中也含有各种杂菌，以变形杆菌最多占4%~23%，其次为大肠杆菌及枯草杆菌、荧光杆菌和各种葡萄球菌霉菌有曲霉属、青霉属和白霉菌等。

（2）饲喂因素。蛋品安全已成为关系人类生命和健康的首要因素，而蛋品质量与饲料是食物链中两个紧密相关的环节，因此饲料的安全性是保证蛋品安全的首要环节。目前造成饲料污染的主要化学物质是重金属、农药和饲料添加剂。尤其是重金属和农药，随着食物链进入动物体内后，会由于生物放大作用而过量沉积在蛋黄和蛋白中，对人类健康造成危害。

64. 微生物对鸡蛋质量安全的影响有哪些？

微生物可引起鸡蛋腐败变质。鲜蛋进入流通领域都有一个时间长短不同的保存期，这个过程中由于各种环境的影响，外界微生物接触蛋壳通过气孔或裂纹侵入蛋内，使内容物引起微生物学变化。感染的微生物通过蛋壳气孔和壳内膜纤维间隙侵入蛋内，在蛋内大量繁殖，使蛋变质。通过对变质蛋进行带菌情况的调查，表明蛋的变质程度与蛋壳污染程度和所带的菌数呈极显著正相关，蛋腐败变质的主要原因是微生物的侵入。一般可分为细菌性腐败变质和霉菌性腐败变质两类。

（1）细菌性腐败变质。细菌性腐败变质是指以细菌为主的微生物引起的腐败变质，由于细菌种类不同，蛋的变质情况也非常复杂。细菌侵入蛋内后，一般蛋白先开始变质，然后祸及到蛋黄。蛋白腐败初期，蛋白液化并产生不正常的色泽，一小部分呈淡灰绿色，而后这种颜色扩大到全部蛋白，蛋白变成稀薄状并产生具有强烈刺激性的臭味。有的蛋白、蛋黄相混合并产生具有人粪味的红、黄色物质，大多由荧光菌和变形杆菌所引起。有的呈现绿色样物，这是由于绿脓杆菌所引起的。其他如大肠杆菌、副大肠杆菌、产气杆菌、产碱杆菌、葡萄球菌等，均能使禽蛋引起各种不同的腐败变质情况。腐败到蛋黄时，则蛋黄上浮，黏附于蛋壳并逐渐干结，蛋黄失去弹性而破裂形成散黄蛋，这种蛋液浑浊不清，腐败的速度非常快，产生大量硫化氢并很快变黑，简称为黑腐蛋。这种蛋由于气体的积聚，蛋壳受到内部气体的压迫而爆破，内容物流出来发出强烈的臭味，这种黑腐蛋已是蛋腐败的最高阶段。

（2）霉菌性腐败变质。霉菌性腐败变质是指以霉菌为主的微生物而引起的腐败变质，蛋中常出现褐色或其他色的丝状物，这主要是由于腊叶芽胞霉菌和褐霉菌所引起，其他如青霉菌、曲霉菌、白祥菌（真菌类的病原），均能使禽蛋引起各种不同的腐败变质。生长在蛋壳上的霉菌，通常肉眼能看到，经蛋壳气孔侵入的霉菌菌丝体，首先在内蛋壳膜上生长起来。靠近气室部分，霉菌的繁殖最快，因为气室里有其生

长需要的足够氧气。然后就破坏内蛋壳膜和蛋白膜，进入蛋
白，进一步发育繁殖，霉菌繁殖的部分形成一个十分微小的
菌落，照光透视检查时，有时带淡色的小斑点的形状，有时
全部蛋壳内似撒满了微细的小斑点，是蛋被霉菌侵害的初步
变质，由于霉菌菌落继续繁殖与相近菌落汇合，使霉斑扩大，
称为"斑点蛋"，这时蛋的变质又进了一步。最后，由于霉菌
不断发育和霉斑的集合，当整个蛋的内部为密集的霉菌覆盖
时，这种蛋在灯光下透视时已不透明，内部混黑一团，称为
"霉菌腐败蛋"，这时蛋的腐败变质已发展到了严重的程度。
受霉菌侵害腐败变质的蛋有一种特有的霉气味以及其他的酸
败气味。同一个腐败变质的蛋，不一定是一种微生物而引起
的，据报道从腐败变质蛋中分离出来的微生物是多种的。

65. 腐败变质蛋会给人体带来哪些危害？

腐败变质的蛋首先是带有一定程度的使人难以接受的感
官性状，如具有刺激性的气味、异常的颜色、酸臭味道、组
织结构破坏、污秽感等。化学组成方面，蛋白质、脂肪、碳
水化合物被微生物分解，它的分解和代谢产物已经完全成为
没有利用价值的物质，维生素受到严重破坏，因此腐败变质
的蛋已失去了营养价值。其次腐败变质的蛋由于微生物污染
严重，菌类相当复杂，菌量增多，因而增加了致病菌和产毒
菌等存在的机会，由于菌量增多，可能有沙门氏菌和某些致
病性细菌，引起人体的不良反应，甚至中毒。

66. 如何挑选新鲜鸡蛋？

一般采用外观法、手摇法和照射法来辨别鸡蛋是否新鲜。

（1）外观法。鸡蛋外壳有一层白霜粉末，手摸时不很光滑，外形完整的是鲜蛋（图 17），外壳光滑发暗、不完整、有裂痕的是不新鲜的鸡蛋。

图 17　表面光洁的鲜鸡蛋

（2）手摇法。购鸡蛋时用拇指、食指和中指捏住鸡蛋摇晃，没有声音的是鲜蛋，手摇时发出晃当的声音的鸡蛋不新鲜。声音越大，越不新鲜，甚至是坏蛋。

（3）照射法。用手轻轻握住鸡蛋，对光观察，好鸡蛋蛋白清晰，呈半透明状态，一头有小空室，坏蛋呈灰暗色，空室较大。有的鸡蛋有污斑，是陈旧或变质的表现。

（4）漂浮法。取水 500 克，加入食盐 500 克，溶化后，把鸡蛋放入水中，横沉在水底的是新鲜鸡蛋，大头在上、小头在下稍漂的，是鸡蛋放的时间过长，完全漂在水上的是坏

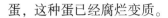

蛋,这种蛋已经腐烂变质。

67. 皮蛋与鲜鸭蛋的营养有区别吗?

鲜鸭蛋经加工制成皮蛋后,蛋内的化学成分发生了变化,但营养成分变化不大,见表13。

表13　鲜鸭蛋和皮蛋营养成分比较

类别	水分 (%)	蛋白质 (%)	脂肪 (%)	糖类 (%)	矿物质 (%)	总热量 (千焦)
鸭蛋(全)	70	13	14.7	1	1.3	778
皮蛋(全)	67	13.6	12.4	4	3	761

从表13可以看出:

(1)制成皮蛋后,由于蛋内水分转移,蛋白质中水分含量降低,全蛋水分含量也随之降低,而蛋中糖类含量相对提高。

(2)在腌制过程中,由于碱和食盐的渗透作用,皮蛋的矿物质含量较鲜鸭蛋有明显增加。

(3)在腌制过程中,蛋内的部分脂肪发生水解,使皮蛋脂肪含量有所降低,蛋的总热量也随之稍有下降。

(4)由于碱液浸泡,蛋白质和脂肪发生分解,B族维生素全部被破坏,维生素A和维生素D变化较小。

总体来说,皮蛋与鲜蛋的营养成分变化不大。但由于蛋白质分解最终产物形成氨和硫化氢使皮蛋具有特殊的风味,可适当刺激消化器官,增进食欲。同时一部分蛋白质被分解成简单蛋白质和氨基酸，易于消化，进而提高了皮蛋的消化吸收率，且皮蛋的碱性还有中和胃酸的作用。

68. "橡皮蛋" 是怎么产生的？

有媒体报道，一些人买到了假鸡蛋，"鸡蛋煮熟后，蛋黄摔在地上能蹦起 20 厘米高"，这种蛋被称为"橡皮蛋"。还有将这种蛋黄很硬的鸡蛋称为"乒乓球蛋"。有关部门的检测结果是，这并非传说中的"化学合成"假鸡蛋，而是不合格的鸡蛋。那这种"橡皮蛋"和"乒乓球蛋"是怎么产生的呢？

鸡蛋在低温保存时间过长，正常鸡蛋都有可能变成"橡皮蛋"。而"橡皮蛋"最常见的成因是饲料中的棉酚过多。棉籽饼是棉籽提取油之后的残渣，富含蛋白质，经常被用在鸡饲料中作为蛋白质的来源。棉酚是包含在棉籽中的一种黄色多酚类色素，会与蛋白质中的赖氨酸结合，阻止其被吸收利用。此外，棉酚还会抑制胃肠中的蛋白酶活性，从而影响鸡的生长，影响鸡的产蛋量和蛋的质量。棉籽饼中的棉酚含量与棉的品种和加工处理工艺密切相关，相互之间差异很大，低的每千克可能只含有 100~200 毫克，高的可达 5 000 毫克以上。大量的数据发现，如果对棉籽饼中的棉酚处理不当，就有可能因棉酚过多产生"橡皮蛋"。此外棉籽中还有一类物质"类环丙烯脂酸"，也会导致"橡皮蛋"的出现。美国有一种叫"苘麻"的植物也富含这种物质，这种植物在中国分布很广，如果鸡吃多了这种野草，即使没有饲喂棉酚含量高的棉籽饼，也会出现"橡皮蛋"的可能。

三、畜产品中危害物知识问答

69. 畜禽肉检疫都检哪些病？检疫章如何使用？

畜禽肉检疫主要针对以下两个方面的病：

一是传染病。炭疽、口蹄疫、猪瘟、猪蓝耳病、高致病性禽流感、狂犬病、布鲁氏菌病、巴氏杆菌病、结核病、牛海绵状脑病（疯牛病）、沙门氏菌病、大肠杆菌病等。

二是寄生虫病。弓形虫病、血吸虫病、猪囊尾蚴病、旋毛虫病、肝片吸虫病、丝虫病、球虫病、阿米巴病、疟疾、隐孢子虫病等。

动物检疫章是国家管理动物检疫工作的重要凭证，是检疫人员对动物、动物产品检疫后必须出具的法律凭证，是"放心肉"工程的重要手段，是无规定疫病区建设的保证。对防治动物疫病，促进畜牧业发展，维护公共安全具有重要意义。主要有以下几种章：

（1）兽医验讫章。检疫合格，适于食用的肉品，盖以圆形、直径5.5厘米，正中横排"兽医验证"四字，并标有年、月、日和畜别的印章，见图18。

图 18 验讫章

（2）高温章。检疫认定，必须按规定的温度和时间处理后才能出售的肉品，盖以 4.5 厘米的等边三角形，内有"高温"二字的印章。盖有这种印章的生猪肉不能直接上市出售。

（3）销毁章。经检疫认定，禁止出售和食用的肉品，盖以"×"形对角线且内有"销毁"二字的印章。

在屠宰检疫环节开始试行激光灼刻式检疫验讫印章，"激光灼刻印记（激光打码）"尺寸、规格、内容一致。

70. 为何人药不能兽用？

兽药是用来预防、治疗和诊断动物疾病的药物。兽药的使用对象是动物，它包括所有的家畜、家禽、各种飞禽走兽及野生动物和鱼类等。

兽药与人用药的主要区别是，兽药是专门为防治动物的疾病而生产的，它适合于动物的生理机能、代谢特点和一些特有的动物疾病。兽药的许多剂型、规定的用药剂量、投药的途径与方法，都是根据动物本身的特点而制定的。例如许多药物都是大剂量规格，是专门为某些大型动物生产的；而某些药物适合于混在水或饲料内，只适合于小动物使用。并且各种动物对药物的反应差异有时很大，如反刍动物对某些麻醉药比较敏感；牛对汞剂耐受性很低；禽类对呋喃类药物易发生中毒；抗生素对草食动物易引起消化机能失常，等等。所以人用药与兽药在使用上有严格的界限。

大多数畜禽是人类肉食的来源。如果动物使用人药，药物都有残留期和毒副作用，假如在休药期内动物被屠宰，人很可能吃到含有药物残留的肉品，长期下去，人就会产生耐药性。人一旦得了病这种药物就不起作用，终会造成兽用人药，人无药可用，后果不堪设想。

此外，动物饲喂人药后，排泄物中会残留一部分药，对土壤和水等造成污染，通过植物传递，最终又进入人体。因此应严禁人药兽用现象。

71. "三致"作用指的是什么？

药品的三致作用是指药品的致癌、致畸、致突变作用。

（1）致癌作用。有些药品可导致生殖细胞突变，从而使异常基因遗传给后代，也可导致体细胞突变，在个体中形成恶性肿瘤。这类药物如氮芥、环氧化物等。

（2）致畸作用。有些药品能影响胚胎的正常发育而引起畸胎。这类药物如甲氨蝶呤、硫嘌呤、环磷酰胺、苯妥英钠、四环素、己烯雌酚等。

（3）致突变作用。有些药物能使机体的遗传物质，即细胞核内构成染色体的脱氧核糖核酸（DNA）发生突变，表现为 DNA 结构或数目的改变。这类药物如亚硝酸钠、羟胺、吖啶黄等。

三致作用最终结果主要是药物导致人或动物体内蛋白质、酶、核酸发生改变，从这一点看，致癌、致畸和致突变作用并无实质性的区别。

72. 致癌物分哪四级？一级、二级致癌物有哪些？

根据动物实验取得的致癌性证据的充分程度，世界卫生组织下属的国际癌症研究所将致癌物质分为四级（5 类）：

1 级：指对人体有明确致癌性的物质或混合物，如黄曲霉素、砒霜、石棉、六价铬、二噁英、甲醛、酒精饮料、烟草、槟榔等。

2 级：分二类 A 和二类 B。二类 A 指对人体致癌的可能性较高的物质或混合物，在动物实验中发现充分的致癌性证据。对人体虽有理论上的致癌性，而实验性的证据有限。如丙烯酰胺、无机铅化合物、氯霉素等。二类 B 指对人体致癌的可能性较低的物质或混合物，在动物实验中发现的致癌性证据尚不充分，对人体致癌性的证据有限。如氯仿、DDT、敌敌畏、萘卫生球、镍金属、硝基苯等。

3 级：指对人体致癌性尚未归类的物质或混合物，对人体致癌性的证据不充分，对动物致癌性的证据不充分或有限。

或者有充分的实验性证据和充分的理论机理表明其对动物有致癌性，但对人体没有同样的致癌性。如苯胺、苏丹红、咖啡因、二甲苯、安定、氧化铁、有机铅化合物、三聚氰胺、汞与其无机化合物等。

4级：对人体可能没有致癌性的物质，缺乏充足证据支持其具有致癌性的物质。如己内酰胺。

按活化的需要把致癌物区分为：①不需活化的，称为直接致癌物；②需活化的，称为前致癌物或间接致癌物，其活性代谢物为终致癌物。

由于致癌的体细胞突变和非突变作用两大学说的确立，按是否具有诱变性，人们把致癌物分成两大类：①诱变性致癌物，又称之为遗传毒性致癌物；②非诱变性致癌物，或非遗传毒性致癌物。也有人称为 DNA 活性外或基因外致癌物。这里所谓的 DNA 活性外致癌就不包括以 DNA 为靶的诱变机制。现已知道大多数肿瘤细胞都有遗传学改变，这些改变有时难以区分是致癌的原因还是发癌的结果。国外学者 1983 年就指出，按致癌机制对化学致癌物进行分类，不可能详尽无遗和准确无误。有些化学物质本身并不致癌，但在致癌物之前或同时应用可显著增强癌症的发生，即可促进致癌的过程，这类物质称为助癌物。

73. 什么是兽药休药期？休药期是如何规定的？

兽药休药期也叫消除期，是指动物从停止给药到许可屠宰或它们的乳、蛋等产品许可上市的间隔时间。

休药期是依据药物在动物体内的消除规律确定的，就是按最大剂量、最长用药周期给药，停药后在不同的时间点屠宰，采集各个组织进行残留量的检测，直至在最后那个时间点采集的所有组织中残留水平下降到限量值以下为止，使肉、蛋、奶等动物性食品的安全性得以保障。不同药物在动物体内代谢的规律不同，因此不同药物的休药期也可能不同。

常用兽药休药期见附表 1。

74. 何谓兽药残留？动物性食品中的兽药残留从何处来？

兽药残留是指用药后蓄积或存留于畜禽机体或产品（如鸡蛋、奶品、肉品等）中原型药物或其代谢产物，包括与兽药有关的杂质的残留。广义上的兽药残留除了由于防治疾病的药物外，也包括药物饲料添加剂、动物接触或食入环境中污染物（如重金属、霉菌毒素等）。兽药在防治动物疾病、提高生产效率、改善畜产品质量等方面起着十分重要的作用。然而，由于科学知识的缺乏及经济利益的驱使，致使滥用兽药现象在畜牧业生产中普遍存在，极易造成动物源食品中有害物质的残留，这不仅对人体健康造成直接危害，而且对畜牧业的发展和生态环境造成极大危害。随着人们对动物源食品由需求型向质量型的转变，动物源食品中的兽药残留已逐渐成为人们关注的焦点。动物性食品中常见的兽药残留包括抗生素类、激素类和驱虫类药物。

动物性食品中残留兽药的来源主要有：

（1）非法使用违禁或淘汰药物。我国农业部在2003年（265）号公告中明文规定，不得使用不符合《兽药标签和说明书管理办法》规定的兽药产品，不得使用《食品动物禁用的兽药及其他化合物清单》所列21类药物及未经农业部批准的兽药，不得使用进口国明令禁用的兽药，畜禽产品中不得检出禁用药物。但事实上，养殖户为了追求最大的经济效益，将禁用药物当作添加剂使用的现象时有发生。

（2）不遵守休药期规定。休药期的长短与药物在动物体内的消除率和残留量有关，而且与动物种类，用药剂量和给药途径有关。国家对有些兽药特别是药物饲料添加剂都规定了休药期，但是部分养殖户使用含药物添加剂的饲料时很少按规定施行休药期。

（3）滥用药物。在养殖过程中，存在长期和随意使用药物添加剂的现象。此外，还大量存在不符合用药剂量、给药途径、用药部位和用药动物种类等用药规定以及重复使用几种商品名不同但成分相同药物的现象。这些都能造成药物在体内过量积累，导致兽药残留。

（4）违背有关标签的规定。《兽药管理条例》明确规定，标签必须写明兽药的主要成分及其含量等。可是有些兽药企业为了逃避报批，在产品中添加一些化学物质，但不在标签中说明，从而造成用户盲目用药。这些违规做法均可造成兽药残留超标。

（5）屠宰前用药屠宰前使用兽药用来掩饰有病畜禽临床症状，以逃避宰前检验。这也能造成肉食畜产品中的兽药残留。此外，在休药期结束前屠宰动物也出现兽药残留量超标。

（6）部分食品生产者在加工贮藏过程中，非法使用抗生素以达到灭菌、延长食品保藏期的目的，也可导致兽药在食品中残留。

近年来，随着我国农产品质量安全监管不断深入，处罚力度加大，兽药滥用的情况得到一定的遏制，兽药残留的整体状况较好。例如监测数据显示，2015年下半年畜禽及蜂产品的兽药残留合格率达到99.9%。

75. 兽药残留会带来哪些危害？

（1）毒性反应。长期食用兽药残留超标的食品后，当体内蓄积的药物浓度达到一定量时会对人体产生多种急慢性中毒。例如磺胺类药物可引起人体肾脏的损伤；氯霉素的超标可引起致命的"灰婴综合征"反应，严重时还会造成人的再生障碍性贫血；四环素类药物能够与骨骼中的钙结合，抑制骨骼和牙齿的发育等。

（2）产生耐药菌株。动物在经常反复接触某一种药物后，其体内的敏感菌株将受到选择性的限制，细菌产生耐药性，耐药菌株大量繁殖，使得一些常用药物的疗效下降甚至失去疗效，如青霉素、氯霉素、庆大霉素、磺胺类等药物在畜禽中已大量产生抗药性，临床效果越来越差，使疾病治疗更加困难。人类常食用含有药物残留的动物性食品，动物体内的耐药菌株可传播给人类，当人体发生疾病时，给治疗带来了困难，这种现象越来越普遍，例如20世纪90年代人们患感冒服药很有效，现在得了普通感冒，连续输液已是普遍现象，这种现象和菌株耐药性的产生有很大的关联。由于耐药菌株的不断出现，人类不得不持续进行抗菌药物的更新换代。在人与细菌的抗争中，细菌总是处于领先地位，研发新药的速度远远跟不上细菌耐药性的产生。

（3）"三致"作用。研究发现许多药物具有致癌、致畸、致突变作用。如丁苯咪唑、丙硫咪唑和苯硫苯氨酯具有致畸作用；雌激素、克球酚、砷制剂、喹恶啉类、硝基呋喃类等已被证明具有致癌作用；喹诺酮类药物的个别品种已在真核细胞内发现有致突变作用；链霉素具有潜在的致畸作用。这些药物的残留量超标无疑会对人类产生潜在的危害。

（4）过敏反应。许多抗菌药物如青霉素、四环素类、磺胺类和氨基糖苷类等能使部分人群发生过敏反应甚至休克，并在短时间内出现血压下降、皮疹、喉头水肿、呼吸困难等严重症状。

（5）类激素作用。兽用激素类药物残留，会影响人体正常的激素水平，并有一定的致癌性，可表现为儿童早熟、儿童异性化倾向、肿瘤等，也可使人出现头痛、心动过速、狂躁不安、血压下降等症状。

（6）肠道菌群失调。抗菌药物残留的动物源食品可对人类胃肠的正常菌群产生不良的影响，使一些非致病菌被抑制或死亡，造成人体内菌群的平衡失调，从而导致长期的腹泻或引起维生素的缺乏等反应。菌群失调还容易造成病原菌的交替感染，使得具有选择性作用的抗生素及其他化学药物失去疗效。

（7）危害生态环境。药物进入动物机体后以原形或代谢产物形式随粪便、尿液等排泄物排出。残留的药物在环境中仍具有活性，对土壤微生物及其昆虫造成影响。如高铜、高锌等添加剂的应用，有机砷的大量使用，可造成土壤、水源的污染。另外，己烯雌酚、氯羟吡啶在环境中降解很慢，能在食物链中高度富集而造成残留超标。

（8）严重影响畜牧业发展。长期滥用药物严重制约着畜牧业的健康持续发展。长期使用抗生素易造成畜禽机体免疫力下降，影响疫苗的接种效果。还可引起畜禽内源性感染和二重感染，使得以往较少发生的细菌病（大肠埃希菌、葡萄球菌、沙门氏菌）转变成为动物的主要传染病。此外，动物源食品中的兽药残留已经成为我国动物产品进入国际市场的最大障碍。

76. 什么是最高残留限量？

最高残留限量是指对食品动物用药后产生的允许存在于食品表面或内部的该兽药残留的最高量。检查分析发现样品中药物残留高于最高残留限量，即为不合格产品，禁止生产出售和贸易。由于检测时留下了很大的安全系数，因此按照正常的饮食结构，只要残留不超标，终生食用都不会对人体健康造成危害。

我国兽药残留限量标准分为四类：

（1）凡农业部批准使用的兽药，按质量标准、产品使用说明书规定用于食品动物，不需要制定最高残留限量的；

（2）凡农业部批准使用的兽药，按质量标准、产品使用说明书规定用于食品动物，需要制定最高残留限量的；

（3）凡农业部批准使用的兽药，按质量标准、产品使用说明书规定可以用于食品动物，但不得检出兽药残留的；

（4）农业部明文规定禁止用于所有食品动物的兽药。禁止兽药名单见附表2。

目前国际食品法典（CAC）制定了67种兽药残留限量，并对12个兽药提出了风险管理建议。各国结合本国实际，分别制定了本国标准，例如美国已制定95种兽药的残留限量，欧盟有139种。

我国兽药残留限量标准中有98%的可比项目已达到或超过国际标准。动物性产品中兽药残留限量见附表3。

77. 可能残留于动物性食品中的抗菌类药物常见的有哪些？

抗菌药物从发现之初即用于动物疾病防治，国外在上世纪50年代便将抗菌药物用作饲料添加剂，我国使用抗菌药物始于20世纪70年代。作为饲料添加剂的抗菌药物约有60种，常用的有20余种。我国每年使用抗菌药物原料约20万吨，50%用于养殖业，其中60%以上用作饲料药物添加剂。2013年抗菌药物用量排名前六位的是：氟苯尼考、多西环素、黏菌素E、恩诺沙星、杆菌肽锌、阿莫西林。据统计，欧盟国家平均每生产1千克肉要使用平均100毫克抗菌药物。按照我国2013年养殖业全年使用抗菌药物的报道来看，每年使用

8.424 万吨（16.2×52%）抗菌药物，同年肉产量 8 536 万吨，按此估算，我国每生产 1 千克肉要使用抗菌药物 987 毫克，与国外相比，存在着过量使用抗菌药物的现象。

抗菌类药物包括两类：一类是由细菌、真菌、放线菌等微生物在代谢过程中产生的、能抑制或杀灭病原微生物的化学物质，这类物质被称为抗生素或抗菌素；另一类是由人工合成的具有抑制或杀灭病原微生物的化学物质。

抗生素类。根据化学结构，我们可将常见抗生素分为 β-内酰胺类、胺苯醇类、大环内酯类、氨基糖苷类、四环素类等几大类。

A. β-内酰胺类抗生素　是指分子结构中含有 β-内酰胺环的一类抗生素。β-内酰胺类抗生素是发现最早、临床应用最广、品种数量最多和近年研究最活跃的一类抗生素，根据 β-内酰胺环是否连接有其他杂环及连接杂环的化学结构差异，此类抗生素又分为青霉素类和头孢菌素类以及非典型 β-内酰胺类抗生素。主要包括天然青霉素、半合成青霉素、天然头孢菌素、半合成头孢菌素以及一些新型 β-内酰胺类。

β-内酰胺类抗生素多为有机酸性物质，具有旋光性，难溶于水，与无机碱或有机碱生成盐后易溶于水，但难溶于有机溶剂；分子结构中的 β-内酰胺环不稳定，可被酸、碱、某些重金离子或细菌的青霉素酶所降解。

B. 胺苯醇类抗生素　包括氯霉素及其衍生物，如甲砜霉素、氟苯尼考、琥珀氯霉素、棕榈氯霉素和乙酰氯霉素等，其代表性药物为氯霉素、甲砜霉素和氟苯尼考。

胺苯醇类抗生素易溶于甲醇、乙腈等有机溶剂，微溶于水。它们具有广谱抗菌作用。氯霉素可阻挠蛋白质的合成，属抑菌性广谱抗生素，对伤寒杆菌、流感杆菌、副流感杆菌和百日咳杆菌的作用比其他抗生素强，但多种细菌对氯霉素产生了耐药性，其中大肠杆菌、痢疾杆菌、变形杆菌等对其耐药性较强。

C. 大环内酯类抗生素　是由两个糖基与一个巨大内酯结合的、对革兰氏阳性菌和支原体有较强的抑制作用的一大类抗生素的总称。该类抗生素广泛用于畜禽细菌性和支原体感染的治疗及动物促生长。自 1952 年发现其代表品种红霉素以来，已连续有竹桃霉素、螺旋霉素、吉他霉素等及它们的衍生物问世，近年已有动物专用品种，如泰乐菌素、替米考星等。

大环内酯类抗生素均为无色、弱碱性化合物，易溶于酸性水溶液和极性溶剂，如甲醇、乙腈、乙酸乙酯等。在干燥状态下相当稳定，但其水溶液稳定性差。大环内酯类抗生素口服吸收良好，由于其具有弱碱性和脂溶性，在组织中的浓度较血浆中的高。大环内酯类抗生素在组织中浓度的一般顺序为肝>肺>肾>血浆，肌肉和脂肪中浓度最低。由于大环内酯类抗生素大部分原形药物或其代谢产物经胆汁排泄，所以胆汁中浓度较组织中高数十倍至上百倍。给药途径不同药物在脏器中残留分布不同，如泰乐菌素口服时在肝组织中残留水平最高，而注射时在肾组织中残留水平最高。

D. 四环素类抗生素　是一类具有菲烷结构的广谱抗生素。第一个四环素类抗生素是 1948 年从金色链丝菌中分离得到的金霉素。四环素类抗生主要有金霉素（也称氯四环素）、土霉素（又称地霉或氧四环素）、四环素等。

四环素类抗生素为黄色结晶性粉末，味苦，在醇（如甲醇和乙醇）中的溶解性较好，而在乙酸乙酯、丙酮、乙腈等有机溶剂中溶解性较差；是酸、碱两性化合物，易溶于酸性或碱性溶液。四环素类抗生素在干燥条件下比较稳定，但遇光易变色；在弱酸性溶液中相对稳定，在酸性溶液中（pH值<2）易脱水，反式消除生成橙黄色脱水物，抗菌活性减弱或完全消失；在碱性（pH值>7）条件下，可开环生成具有内酯的异构体。

四环素类抗生素是快效抑菌剂，高浓度时有灭菌作用。抗菌谱广，对多种革兰氏阳性菌革兰氏阴性菌以及立克次体属、支原体属、螺旋体等均有较好的抗菌效果。

E. 氨基糖苷类抗生素　是一类分子结构中含有一个氨基环己醇和一个或多个氨基糖分子、以糖苷键相连物质的总称，也称为氨基环醇类化合物。该类抗生素包括链霉素、新霉素、卡那霉素、庆大霉素等，用作兽药的主要有链霉素、双氢链霉素、庆大霉素、新霉素和卡那霉素。

氨基糖苷类抗生素属于碱性化合物，水溶性好，难溶于有机溶剂，化学性质稳定。该类化合物多为结构差异性小的化合物的混合物，如庆大霉素由氨基糖基团甲基化程度不同的 3 种化合物组成，新霉素由立体化学异构的化合物组成。氨基糖苷类抗生素具有广谱抗菌性，对革兰氏阴性菌和革兰氏阳性菌都有较好的抗菌效果。

78. 食品中抗菌类药物残留对健康会造成哪些危害？

一般而言，动物性食品中残留的抗生素对人并不表现出急性毒性作用，但如果从食品中长期摄入低剂量的残留抗生素，一定时间后抗生素可能在人体内蓄积而导致各种慢性毒性作用；某些过敏体质的人在接触残留的抗生素后，可能引起过敏（变态）反应。

（1）残留抗生素的一般毒性作用。残留抗生素对人体的毒性作用包括慢性和急性毒性，是抗生素等药品所引起的最多见或最易被注意的一种不良反应。由于抗生素在体内的富集能力、亲和或敏感作用的部位不同，其毒性反应可表现在机体的各个系统、器官、组织。一般来讲，停止摄入抗生素后，其导致的毒性反应可以逐渐消退。但有的抗生素的毒作用是不可逆的，如链霉素对儿童的致聋作用，即使停止摄入这些抗生素，它们所导致的毒作用也不能终止。

氯霉素在体内代谢慢，动物食用氯霉素后容易残留在体内。如果长期食入残留有氯霉素的动物性食品，由于其可以破坏人体的骨髓造血机能，可能导致食入者发生不可逆的再生障碍性贫血和可逆性的粒细胞减少症等疾病。氯霉素所导致的再生障碍性贫血死亡率高，属于变态反应，与剂量、疗程无直接关系。其作用机理可能与氯霉素抑制骨髓造血细胞线粒体中的与细菌相同的 70S 核糖体有关。人体对氯霉素比动物敏感，而婴幼儿由于代谢和排泄机能尚不完善，对氯霉素最敏感，长期食入残留有氯霉素的食品，可能出现致使的"灰婴综合征"。如果人体中氯霉素残留过高，还可能导致肝衰竭而死亡。

很多生产或使用畜、禽、鱼饲料的人向其中加入亚治疗剂量的四环素类药物（如金霉素和土霉素等），导致这类药物残留于动物性食品中。长期食用残留有这类药物的食品将导致对胃、肠、肝脏的损害；四环素类药物还能与骨骼中的钙结合，抑制骨骼和牙齿的发育，造成妊娠期妇女严重肝损伤，甚至死亡。研究发现，土霉素可导致肝脏肿大、黄疸、脂肪肝等。

红霉素、泰乐菌素易导致肝损害和听觉障碍；链霉素、庆大霉素和卡那霉素等氨基糖苷类抗生素共有的毒副作用是耳毒和肾脏毒，可能导致食用者晕眩和听力减退，它们还能透过血胎屏障直接损害胎儿的听觉。

（2）过敏（变态）反应。过敏与变态反应是一种与药物有关的免疫反应，与消费者的遗传性有关，与药物剂量的大小无关。引起过敏反应的残留抗生素主要是青霉素、四环素及某些氨基糖苷类抗生素。

青霉素类药物是动物和人类最常用的抗生素之一，主要用于控制奶牛的乳腺炎，治疗尿道、胃肠道和呼吸道感染。青霉素类药物是小分子物质，本身不具有抗原性，不能直接引发过敏反应。目前普遍认为导致青霉素产生过敏反应的过敏原是制剂中微量的高分子的杂质，导致的过敏反应属于速发型过敏反应。据统计，对青霉素有过敏反应的人为 $0.7\% \sim 10\%$，过敏休克的人达 $0.004\% \sim 0.015\%$，严重者可致死。流行病学调查的资料表明，低至 5 ~ 10IU（0.003 ~ 0.006 毫克/千克组织）的青霉素在敏感个体即可引起过敏反应。国外曾有报道因牛奶中青霉素残留引起的皮炎、皮疹等过敏反应，猪肉中青霉素残留引起的过敏反应等。这主要是在用青霉素类药物治疗奶牛、羊乳房炎和动物的全身性感染时不遵守弃乳期或休药期的要求，造成奶或动物性食品中药物残留而引起的。

四环素导致的过敏反应较青霉素类药物少，但也可引起药物热或皮疹。四环素导致的皮疹可表现为荨麻疹、多形红斑、湿疹样红斑等，也可诱致光感性皮炎。四环素类所致的过敏性休克、哮喘、紫癜也偶有发生。

（3）细菌耐药性增加。动物在反复摄入某一抗菌药物后，体内将有一部分敏感菌株逐渐产生耐药性而成为耐药菌株。动物体内产生的耐药菌株一方面可通过动物性食品进入人体；另一方面，人经常食用抗生素残留的食品也可使自身的细菌产生耐药性。当这些耐药菌株引起疾病时，就会给治疗带来较大的困难。细菌的耐药基因位于 R-质粒上，能在细胞质中进行自主复制，既可以遗传，又能通过转导在细菌间传播。耐药菌对人类健康最大的威胁是直接通过食物链而转移给人类，给疾病治疗带来困难。

专家们认为食源性动物长期低剂量使用抗生素会增加耐药性，并且细菌的耐药基因可以在人群中的、动物群中的和生态系统中的细菌间互相传递，由此可导致致病菌如沙门菌、肠球菌、大肠杆菌等产生耐药性，引起人类和动物感染性疾病治疗的失败。

（4）菌群失调。正常情况下，人体的口腔、呼吸道、肠道等与外界相通的腔道和皮肤、腺体、毛发等处都有细菌寄生、繁殖。这些细菌多数为非致病菌或条件致病菌，少数属致病菌。这些菌在互相拮抗下维持着相对平衡状态，构成人体内外的微生态环境。由于某种原因如长期使用广谱抗生素或从食品中长期摄入低剂量的残留抗生素，敏感菌受到抑制，而不敏感菌趁机在体内繁殖生长，导致正常菌群中各种微生物的种类和数量发生较大的变化，形成新的感染，即"二次感染"，如耐药金黄色葡萄球菌引起腹泻、败血症。

正常情况下，人体内的某些益生菌群还能合成人体所需的 B 族维生素和维生素 K。长期或过量摄入动物性食品中的残留抗生素，会使益生菌群遭到破坏，有害菌大量繁殖，造成消化道微生态环境紊乱，导致长期腹泻或引起维生素缺乏，危害人体健康。

（5）"三致"作用。对胚胎具有致畸作用的抗生素主要有四环素、链霉素、氯霉素和红霉素。当它们在动物源性食品中残留而被人长期摄入，就可能使胚胎出现畸形。四环素是典型的致畸原，它们干扰蛋白质的合成，是钙盐的螯合物而妨碍钙盐进入软骨和骨骼，从而导致胎儿畸形；链霉素对胎儿和成人都可能有中耳毒性和肾脏毒性，引起新生儿先天性耳聋和前庭损害的发生率为 3%~11%；新霉素、卡那霉素、庆大霉素等氨基糖苷类抗生素也可引起胎儿第八对脑神经的损害；氯霉素在胎儿体内达到高浓度时，可因蛋白质合成抑制，血浆中氨基酸和血氨浓度增高而引起以心血管衰竭症状、呼吸功能不全、发绀、腹胀为特征的"灰婴综合征"；红霉素可致胎儿肝损伤。如果长期摄入氯霉素，容易诱发再生障碍性贫血和白血病，其导致白血病的潜伏期可达 7 年；土霉素在酸性环境下能产生二甲基亚硝胺，该物质具有很强的致癌性。除此之外，庆大霉素、金霉素、四环素等也含有一定的致癌成分，长期摄入对人体健康有潜在的危害。

（6）对健康的其他损害。长期从动物性食品中摄入氨基糖苷类抗生素，可损害第八对脑神经，出现头疼、头晕、耳鸣、耳聋、恶心、呕吐等症状，特别是对听力有损害，还会损伤肾脏，出现蛋白尿、血尿甚至无尿，导致肾功能失调。

79. 动物性食品中可能会存在哪些激素？

激素类药物作为畜禽及水产品养殖中的生长促进剂能加快动物的增重速度，提高饲料的转化利用率，改进胴体品质（瘦肉与脂肪的比例），显著提高养殖业的经济效益。但激素类药物的残留严重威胁着人类的健康，特别是近年来以克伦特罗为代表的 β-受体激动剂在动物性食品中导致中毒事件的频频发生，控制和禁止激素类药物在养殖业中的使用已日益引起各方面的关注。目前，农业部严禁使用的具有促生长作用的激素和兽药包括：①β-受体激动剂如克伦特罗、沙丁胺醇等；②性激素，如已烯雌酚。③促性腺激素；④具有雌激素样作用的物质（如玉米赤霉醇等）；⑤肾上腺素类药（如异丙肾上腺素、多巴胺）等。

养殖者为了达到利益最大化，有时会违规使用一些激素添加到动物饲料中，作为饲料添加剂促进动物生长和育肥。

农业部禁用的激素均在动物性食品的检测中偶有发现，激素对人体的危害将在后面详细讲述。

80. 动物性食品中性激素残留对健康有哪些影响？

根据性激素的生理作用，可分为雄性激素和雌性激素两类；根据其化学结构和来源可分为：①内源性性激素，包括睾酮、孕酮、雌酮、雌二醇等；②人工合成类固醇激素，包括丙酸睾酮、甲烯雌醇、苯甲酸雌二醇、醋酸群勃龙等；③人工合成的非类固醇激素，包括己烯雌酚、己烷雌酚等。

性激素是一类由动物性腺分泌或者人工合成的低分子质量、强亲脂性、具有生物活性的化学物质，对各种生理机能和代谢过程起着重要的调节作用。性激素及其衍生物具有促进动物生长、增加体重、提高饲料转化率等作用，这些功效对反刍动物最为明显。此类激素及其类似物曾是应用最为广泛、效果显著的一类生长促进剂。早在 20 世纪 50 年代，性激素已作为促生长性药物被饲养业非法使用。20 世纪 60~70 年代，美国肥育牛的 80%~90%应用了此类制剂。事实上，直至今天，除己烯雌酚等人工合成的类雌激素化合物于 1980 年华沙国际学术讨论会和同年的联合国粮农组织与世界卫生组织联席会议决定全面禁用外，其他性激素类仍在美国等国家和地区使用。欧洲经济共同体已于 1988 年 1 月 1 日开始完全禁止性激素的使用，因其很低的剂量便可产生极大的促生长效果。其中，己烯雌酚由于结构简单、成本低廉在饲料工业中得到较多的使用，导致其在动源性食品中时有检出。性激素进入动物体内后不易排出，残留于动物源性食品中。并且其稳定性较好，一般的烹调、加工处理方式不能将其破坏，因此，可通过食物链进入人体并在体内蓄积。当性激素在体内的含量超过人体正常水平后，将破坏机体正常的生理平衡，产生一些不良反应。动物性食品中残留的性激素还存在着易浓缩、有协同效应和作用复杂等特点。

（1）浓缩现象。性激素尤其是己烯雌酚等雌激素难降解，随着食物链在生物体内不断蓄积、浓缩。

（2）协同作用。一些具有性激素活性的物质单独存在时毒性很小，当它们混合后则会产生相当于其单独作用时 150~1 600 倍的作用。

（3）复杂性。一些雌激素与受体结合时，它们之间的协同作用会因组合不同而产生不同的作用，即使雌激素浓度较低，也可能与受体结合；有些残留雌激素并不直接与受体结合，但对内源雌激素也可产生影响。

残留的性激素通过食品对人体健康产生的危害主要有：

①对人体生殖系统和生殖功能造成严重影响：如雌激素能引起女性早熟、男性女性化；雄性激素能导致男性早熟，第二性征提前出现，女性男性化等。

②诱发癌症：多数激素类药物具有潜在的致癌性，如果长期经食物摄入雌激素可引起子宫癌、乳腺癌、睾丸肿瘤等癌症的发病率增加。

③对肝脏有一定损害作用：流行病学及实验研究均提示，肝癌等慢性肝病患病率存在性别差异，性激素对肝硬化甚至

肝癌的发生也有一定的影响。

81. 动物性食品中肾上腺皮质激素残留对健康有哪些影响？

肾上腺皮质激素是由肾上腺皮质分泌的一组类固醇激素，主要包括糖皮质激素和盐皮质激素，以及少量的性激素。

肾上腺皮质激素中具有代表性的一类是肾上腺皮质激素，其具有调节糖、蛋白质和脂肪代谢的功能，可影响葡萄糖的合成和利用、脂肪的动员及蛋白质的合成，并能提高机体对各种不良刺激的抵抗力。如果动物的生长过程中使用过量的糖皮质激素，将导致其在动物体内残留，通过这些食品进入人体将不可避免地影响人体健康。由于糖皮质激素的作用极强，即使含量甚微，也会干扰人体的分泌平衡。长期摄入糖皮质激素食品后，可造成药物在体内蓄积，浓度达一定程度后，对人体产生的毒性作用表现为向心型肥胖、多毛、无力、低血钾、水肿等症状，还可能抑制机体的免疫反应，抑制生长素分泌和造成负氮平衡，因而可引起一系列的并发症，并可直接危及人的生命。

82. 磺胺类兽药残留对食品安全有哪些影响？

磺胺类药物是具有对氨基苯磺酰胺结构、用于预防和治疗细菌感染性疾病的一类药物的总称。磺胺类药物因性质较稳定、价格低廉、使用方便，联合使用抗菌增效剂可使其抗菌效果提高数倍，还可以提高饲料的转化率，促进动物生长，因此常以亚治疗剂量作为饲料添加剂使用，预防动物疾病的发生和促进生长。近年来的研究发现，磺胺类药物残留超标现象比其他兽药残留都严重。因此，动物源性食品中残留磺胺类药物对人类健康的潜在危害逐渐引起人们的高度关注。根据我国农业部的要求，从 2005 年起，已将畜产品中磺胺类药物的残留情况作为继"瘦肉精"之后的又一个重点予以监控。

食品中磺胺类药物残留对健康的影响研究表明，如给猪口服 1% 推荐剂量的氨苯磺胺，在休药期内可造成肝脏中药物残留超标。磺胺类药物大部分以原形自机体排出，且在自然环境中不易被生物降解，从而容易导致水、牧草等被磺胺类药物污染，然后导致对动物性食品的二次污染。已有证明，猪接触排泄在垫草中的低浓度磺胺类药物后，猪体内即可测出此类药物残留超标。

磺胺类药物经各种途径进入动物体内后，可转移到肉、蛋和乳等动物性食品中，进而造成这些动物性食品中磺胺类药物的残留。磺胺类药物一般在代谢器官和血液中浓度最高，脂肪和肌肉中的含量较低，乳中的残留量与血清中的相似。如果长期摄入残留有磺胺类药物的食品，可能对人体健康造成潜在的危害，主要表现在：

①造成泌尿系统的损害：磺胺类药物在体内乙酰化率高，在体内主要经肝脏代谢为乙酰化磺胺，后者无抗菌活力却保留其毒性作用，在泌尿道析出结晶，损害甚至，出现结晶尿、

血尿、管型尿、尿痛以至尿闭等症状。

②造血系统反应：破坏人的造血系统，造成溶血性贫血症，粒细胞缺乏症，严重者可因骨髓以至而出现粒细胞缺乏，血小板减少症，甚至再生障碍性贫血。虽然罕见，可一旦发生可能是致命性的。

③"三致"作用：有资料表明，磺胺二甲基嘧啶等磺胺类药物在连续给药后能够诱发啮齿动物甲状腺增生，具有致肿瘤的倾向。

磺胺类药物易通过血胎屏障而传给胎儿，动物实验表明它们有致畸作用。美国疾控中心的专家调查发现，磺胺类药物对胎儿的致畸性很强，服用磺胺类抗生素的孕妇产下的婴儿发生6种先天性出生缺陷的几率明显增加，其中无脑畸形增加了3.4倍，左心发育不良综合征增加了3.2倍，主动脉缩窄增加了2.7倍，后鼻孔闭锁增加了8.0倍，肢体缺损增加了2.5倍，横膈疝增加了2.4倍。

④过敏作用：磺胺类药物可引起人的过敏反应。试验证明，长期摄入磺胺类药物残留的食品，可引起一部分人皮肤过敏、瘙痒等症状，严重者可导致剥脱性皮炎，少数患者可发生多形性红斑，有时造成死亡。而且同类药间有交叉过敏现象。

我国规定动物性食品中总磺胺以及单个磺胺药物的最高残留限量（MRL）为0.1毫克/千克；韩国要求动物性食品中磺胺甲基嘧啶、磺胺二甲基嘧啶、磺胺间甲氧嘧啶、磺胺间二甲氧嘧啶、磺胺喹噁啉在牛、猪、鸡肉的残留均应低于0.1毫克/千克；欧盟规定牛奶和肉类食品中的单个磺胺类药物残留不得超过 25 微克/千克，磺胺类药物总量不得超过 100 微克/千克。

83. 硝基呋喃类药物残留对食品安全有哪些影响？

硝基呋喃类药物是人工合成的具有 5-硝基呋喃基本结构的广谱抗菌药物，主要包括呋喃唑酮（痢特灵）、呋喃它酮、呋喃西林、呋喃妥因；4 种呋喃类代谢物主要包括呋喃唑酮代谢物 3-氨基-2 唑烷酮、呋喃妥因代谢物 1-氨基乙内酰脲、呋喃它酮代谢物 5-甲基吗啉-3-氨基 2-唑烷酮和呋喃西林代谢物氨基脲。硝基呋喃类药物具有灭菌能力强、抗菌谱广、不易产生耐药性、价格低廉、疗效好等优点，在食用性动物疾病的预防与控制中具有广泛的应用。但由于硝基呋喃可能具有基因诱变性，目前很多国家和地区已禁止使用这类药物，并规定在动物源性食品中硝基呋喃类残留物的检出中限为不得检出。但近年来，我国发生多起因硝基呋喃类药物残留超标的出口贸易事件，并造成了严重的经济损失，从而引发了食用性动物及其产品检测机构的重视。目前，动物饲料过程中使用硝基呋喃类药物的现象仍然存在。

硝基呋喃类药物及其残留主要危害是：

①对畜禽有毒性作用：大剂量或长时间应用硝基呋喃类药物均能对畜禽产生毒性作用。其中呋喃西林的毒性最大，呋喃唑酮的毒性最小，为呋喃西林的 1/10 左右。在硝基呋喃类药物中，以呋喃西林对家禽的毒性作用最常见，尤其是雏

鸭和雏鸡。兽医临床上经常出现有关猪、鸭、羊等呋喃唑酮中毒的事件报道。

②具有致癌致畸致突变：呋喃它酮为强致癌性药物，呋喃唑酮具中等强度致癌性。硝基呋喃类化舍物是直接致变剂，它不用附加外源性激活系统就可以引起细菌的突变。

③代谢产物对人体危害严重：硝基呋喃类药物在体内代谢迅速，代谢的部分化舍物分子与细胞膜蛋白结舍成为结合态，结合态可长期保持稳定，从而延缓药物在体内的消除速度。普通的食品加工方法（如烧烤、微波加工、烹调等）难以使蛋白结合态呋喃唑酮残留物大量降解。这些代谢物可以在弱酸性条件下从蛋白质中释放出来，因此，当人类吃了含有硝基呋喃类抗生素残留的食品，这些代谢物就可以在人类胃液的酸性条件下从蛋白质中释放出来被人体吸收而对人类健康造成危害。

1993 年，欧盟兽药委员会（CVMP）将呋喃它酮、呋喃妥因和呋喃西林列为禁用药物，1995 年又将呋喃唑酮列为禁用药物。2002 年 4 月，我国农业部第 193 号公告的"食品动物禁用的兽药及其他化合物清单"中，将硝基呋喃类药物列为禁止使用的药物。国际癌症研究组织已将其定为"2 类 B"致癌物。

84. 喹诺酮类药物残留对食品安全的影响有哪些？

（1）喹诺酮类药物。喹诺酮类药物是人工合成的含 4-

喹诺酮基本结构、对细菌 DNA 螺旋酶具有选择性抑制作用的广谱抗生素。第三代喹诺酮类抗菌药物主要有环丙沙星、蒽诺沙星、沙拉沙星、单诺沙星和二氟沙星等。它们一般为白色或淡黄色晶型粉末，多数属于酸碱两性化合物，对光照、温度和酸、碱均具有极好的稳定性，无论是长时间室温存放或是在强烈光照、高温或高湿条件下均具有极其良好的稳定性。

喹诺酮类药物具有抗菌谱广，对革兰氏阳性菌和革兰氏阴性菌、绿脓杆菌、支原体、衣原体等均有作用；灭菌力强，在体外很低的浓度即可显示高度的抗菌活性；吸收快、体内分布广泛；抗菌作用独特，与其他抗菌药无交叉耐药性等特点，被广泛用于人和动物疾病的治疗，由于喹诺酮类药物在动物机体组织中的残留，人食用动物组织后喹诺酮类抗生素就在人体内残留蓄积，造成人体疾病对该药物的严重耐药性，影响人体疾病的治疗。人类长期食用含较低浓度 QNs 药物的动物性食品、中成药保健食品等，容易诱导耐药性的传递，从而影响该类药物的临床疗效。因此，喹诺酮类药物残留问题越来越引起人们的关注。联合国粮农组织/世界卫生组织食品添加剂专家联席委员会、欧盟都已制定了多种喹诺酮类药物在动物组织中的最高残留限量。美国 FDA 于 2005 年宣布禁止用于治疗家禽细菌感染的抗菌药物蒽诺沙星的销售和使用。我国批准在兽医临床应用的喹诺酮类抗菌药物有环丙沙星（环丙氟哌酸）、蒽诺沙星（乙基环丙氟哌酸）、达氟沙星（单诺沙星）、二氟沙星（双氟哌酸）、沙拉沙星等，其中后面 4 种是动物专用的氟喹诺酮类药物。于 2002 年规定了环丙沙星、单诺沙星、蒽诺沙星、沙拉沙星、二氟沙星、恶喹酸和氟甲喹等 7 种 QNs 药物在动物肌肉组织中的最高残留限量为 10~500 微克/千克。2016 年农业部开始将诺氟沙星（氟哌酸）、培氟沙星（甲氟哌酸）、氧氟沙星（氟嗪酸）、洛美沙星列入禁用药物名单。

（2）喹诺酮类药物残留对健康的影响。由于喹诺酮类药物具有抗菌谱广、灭菌力强的特点，曾经被广泛用于动物的多种感染性疾病的预防和治疗。其中氟喹诺酮类药物在食源性动物中应用最广泛，大部分动物源性食品中均有此类药物残留。但部分细菌尤其是金黄色葡萄球菌、肺炎球菌、大肠杆菌、沙门氏菌属和志贺氏菌属、绿脓杆菌等对喹诺酮类抗菌药物产生耐药性，导致该类药物用量加大，残留增加。

喹诺酮类药物虽然具有毒副作用小、安全范围大的优点，但在动物体内分解缓慢，若过量使用或使用不当，将造成动物源性食品中喹诺酮类药物的残留。人若长期摄入残留有这些药物的食品后，可能产生一些不良反应：

①对中枢神经系统有影响：主要表现为头痛、头晕、焦虑、烦躁、失眠、步态不稳、惊厥、神经过敏等；

②对消化系统有影响：如剂量过大，导致恶心、呕吐、食欲下降、腹痛、腹泻等；

③过敏反应：特别是阳光直射时可能导致瘙痒、红斑、光敏性皮炎等；

④在尿中可形成结晶：尤其是使用剂量过大或饮水不足时更易发生，可能损伤尿道；

⑤对幼年动物的软骨和负重关节的生长造成损伤：导致

关节痛、关节肿胀等；

⑥动物实验发现，给雏鸡高浓度的喹诺酮类药物饮水或长时间混饲，易导致肝细胞变性或坏死的肝细胞损害，以环丙沙星尤为明显；

⑦实验室研究还表明，蒽诺沙星在实验动物中显示一定的致突变和胚胎毒作用，二氟沙星和单诺沙星对大鼠有潜在的致癌作用。

85. β-肾上腺激动剂（瘦肉精）都有哪些？

β-肾上腺激动剂，简称 β-激动剂，俗称"瘦肉精"。是一类能选择性结合肾上腺素 β 受体的物质。人工合成的苯乙胺类药物多属于 β-肾上腺素能激动剂。目前主要有盐酸克伦特罗、莱克多巴胺、沙丁胺醇、硫酸沙丁胺醇、盐酸多巴胺、西马特罗、硫酸特布他林、苯乙醇胺 A、班布特罗、盐酸齐帕特罗、盐酸氯丙那林、马布特罗、西布特罗、溴布特罗、酒石酸阿福特罗、富马酸福莫特罗等。

β-激动剂按照其苯环上取代基的差异，分为苯胺型和苯酚型。前者包括的典型药物有：克伦特罗、马布特罗、苯乙醇胺-A 等，苯酚型类主要包括邻苯二酚、间苯二酚等，典型药物有：肾上腺素、特布他林、沙丁胺醇、莱克多巴胺等。β-激动剂属于拟肾上腺素类药物，因其可与平滑肌 β2 受体结合，引起平滑肌舒张，最早被人医用于治疗哮喘。同时由于其具有广泛的舒缓平滑肌的作用，也被用于治疗阻塞性肺炎、肺气肿等呼吸系统疾病及平滑肌痉挛等症状。

β-激动剂的代表药物莱克多巴胺最早由美国礼来公司合成并生产。20世纪80年代初，美国一家公司开始将盐酸克伦特罗添加到饲料中，增加瘦肉率，此后被美国食品药品管理局（FDA）批准作为促生长饲料添加剂允许添加到猪和牛的饲料中。作为促生长剂，莱克多巴胺被机体消化吸收后，与脂肪组织细胞膜上的β-受体相结合，使腺甘酸环化酶活化，引起三磷酸腺甘（ATP）转化为环状-磷酸腺甘（cAMP），导致对激素敏感的脂酶活化和甘油三酯的分解，游离脂肪酸进入肌肉组织使肌肉中的氧化作用加强，同时β-激动剂还可以降低脂肪细胞膜上的胰岛素受体数量，使葡萄糖进入脂肪细胞的数量减少，从而降低脂肪沉积量。因此，β-激动剂能够调节动物体内营养素的流向，对营养素具有再分配作用，可减少脂肪沉积，增加瘦肉率，因此市场上将β-激动剂类药物统称为"瘦肉精"。

86. "瘦肉精"残留对人健康的影响有哪些?

"瘦肉精"是一种类激素样物质，对动物的健康和畜产品的安全有着严重的危害和极大的影响。常见的有克伦特罗、莱克多巴胺、沙丁胺醇和特布他林等。在当前的养殖模式下，养殖户为提高经济效益，在饲料中大量添加，添加剂量往往超过人用药剂量的数十倍以上，而且应用的时间较长，通常的用药时间在一个月以上。由于该类药物在动物机体内的代谢较缓慢，因此在动物的内脏和胴体中的残留量很大，在动物体内的残留依次为：视网膜、脉络膜、毛发、肝、肾、肌肉和脂肪组织。研究表明，克仑特罗完全能耐受 100℃高温。常规烹调对克仑特罗残留起不到破坏作用。

瘦肉精会对人类的健康造成一定程度的危害。常见的症状有：心悸、心慌、恶心、呕吐、肌肉颤动、不由自主地颤抖等临床症状。对于有原发性心脏病和呼吸系统疾病的患者更容易引起心率失常，高血压，冠心病，激素分泌紊乱等，使患者常常出现心动过速，甲状腺功能亢进，冠心病等多种疾患。当其与其他药物合用时还会产生更为严重的副作用，与糖皮质激素合用时能使血液中钾离子的浓度大幅度下降，从而导致心率失常，乏力等症状。长期摄入该类化合物还容易引起基因和染色体发生改变，诱发恶性肿瘤，危及人类的生命健康。

前些年发现瘦肉精仅添加在猪饲料中，而使用情况较严重的主要集中在我国沿海和中部养殖业较发达的少数地区，东北、西北、华北、西南等地区，这种现象尚不多见。瘦肉精中毒事件的不断发生，不仅威胁到广大人民群众的身心健康，而且给畜牧业造成了巨大的经济损失和极坏的政治影响，大大破坏了我国畜产品在国际上的形象，直接影响到我国的对外贸易，增加了畜产食品出口的难度。早在 1997 年，农业部就发文明令禁止在饲料中添加克伦特罗、莱克多巴胺和沙丁胺醇。近几年，我国农业部相继成立了 100 个农畜产品质量安全风险评估实验室，致力于我国农产品及畜产品的有害物质风险隐患排查及评估，及时发现苗头，加强监管，取得了显著的成效，瘦肉精在畜产品中的安全率为 99.99%。

87. 多氯联苯的来源和危害是什么？

多氯联苯别名氯化联苯（PCBs）。多氯联苯是包含 209 种同类物的一系列氯化联苯化合物组成的合成工业品，由于其化学性质稳定，电导率低，导热性好，不易燃，在 20 世纪 70 年代前在工业生产中有过广泛的用途。其具有环境持久性、远距离迁移性和生物蓄积性等缺点，为此关于持久性有机污染物的斯德哥尔摩公约 6 将 PCBs 列为首批控制消除的 12 种污染物之一。

（1）食品中的来源。我国 PCBs 的生产主要发生在 1965—1974 年间，总产量估计在 10 000 吨左右。其中三氯联苯产量在 9 000 吨左右，主要用于电力电容器的浸渍剂，五氯联苯产量在 1 000 吨左右，主要用作油漆等工业产品的添加剂。据调查当前中国沉积物中 PCBs 严重污染的主要来源是工业排污、航运、PCBs 废旧设施非法处置或封存不当等几大原因。

A. 环境中污染和生物富集　鱼类和贝类中居多。湖水中 PCB 含量为 0.001 毫克升，湖水中鱼的 PCB 含量为 10~24 毫克/千克，捕食湖鱼的海鸥脂肪中 PCB 含量高达 100 毫克/千克。不同部位富集能力不同，鱼肉中为 1~10 时，肝中达 1 000~6 000 毫克/千克，研究表明，高浓度的 PCB 主要存在于鱼类、乳制品和脂肪含量高的肉类中。据估计，全球大气、水体和土壤中，PCB 的残留问题为 25 万至 30 万吨。

B. 容器、包装材料中的污染　含 PCB 的塑料包装材料。

C. 意外事故造成的污染

（2）多氯联苯对健康的危害。畜禽在饮食了被污染的水或饲料后会在体里沉积，难以分解，人食用了被污染的肉后，容易累积在脂肪组织，造成脑部、皮肤及内脏的疾病，并影响神经、生殖及免疫系统，已将其定为致癌物质。

88. 二噁英的来源及危害有哪些？

二噁英，是一种无色无味、毒性严重的脂溶性物质，是由200多种异构体、同系物等组成的混合体。其毒性以半致死量（LD50）表示。比氰化钾要毒约100倍，比砒霜要毒约900倍。为毒性最强，非常稳定又难以分解的一级致癌物质。它还具有生殖毒性、免疫毒性及内分泌毒性。

二噁英为固体，熔点较高，没有极性，难溶于水，化学稳定性强，在环境中能长时间存在，随着氯化程度的增强，二噁英的溶解度和挥发性减小。自然环境中的微生物降解、水解及光分解作用对二噁英分子结构的影响均很小。二噁英极具亲脂性，因而在食物链中可以通过脂质发生转移和生物积累，易存在于动物脂肪和乳汁中。其中2，3，7，8-四氯代苯并二噁英（2，3，7，8-TCDD）是目前所有已知化合物中毒性最大、毒性作用最多的物质。

二噁英的发生源主要有两个，一是在制造包括农药在内的化学物质，尤其是氯系化学物质，像杀虫剂、除草剂、木材防腐剂、多氯联苯等产品的过程中派生；二是来自对垃圾的焚烧。焚烧温度低于800℃，塑料之类的含氯垃圾不完全燃烧，极易生成二噁英。除了城市垃圾和医疗垃圾的焚烧以外，金属的冶炼及提纯、化学加工、生物和光化学过程都能产生二噁英。

二噁英主要污染空气、土壤和水体，进而污染动物、植物和水生生物。人主要是通过空气、饮水、食物而受害。据调查，人类90%以上的受害来自于膳食，其中动物性食品是主要来源。二噁英能够导致严重的皮肤损伤性疾病，具有强烈的致癌、致畸作用。1997年世界卫生组织国际癌症研究中心将其列为一级致癌物，同时它还具有生殖毒性、免疫毒性和内分泌毒性。如果人体短时间暴露于较高浓度的二噁英中，就可能导致皮肤损伤，如出现氯痤疮及皮肤黑斑，还使肝功能产生病变。如果长期暴露则会对免疫系统、发育中的神经系统、内分泌系统和生殖功能造成损害。研究表明，暴露于高浓度二噁英环境下的工人其癌症死亡率比普通人群高60个百分点。

89. 金刚烷胺的来源及主要危害是什么？

金刚烷胺又叫三环癸胺、三环葵胺、盐酸金刚烷胺。金刚烷胺对于流感病毒引起的流感疾病具有较好的疗效，畜牧养殖业中普遍应用，其主要作用机理是通过吸附作用结合于流感病毒上的M2受体蛋白，抑制病毒的复制、脱壳、感染等过程。

随着养殖规模的扩大，养殖密度的增长，疫病防治方面的投入也逐渐加大。在很长的一段时期内，金刚烷胺在畜牧

（水产）养殖业中被用于病毒性疾病的预防与治疗，尤其流感类疾病的爆发，养殖业对于金刚烷胺的依赖性进一步增强，使用剂量和范围被无序扩大。金刚烷胺的普遍应用所引起的副作用逐渐显现，首先是耐药性问题，近年来的相关研究表明，金刚烷胺的耐药性问题日趋严重，耐药性病毒表现出更强的致病性、传播性以及在不同药物之间的交叉抗性，并且具有更大的基因交换与重组能力。

据调查，中国在1995—2002年间的金刚烷胺耐药性水平低于10%，而在2003年高达57.5%，2004年更是达到了73.8%，2005年平均达到77.5%；在规模化养殖业发达的美国，病毒的耐药性问题也日趋突出，由2004年的2%~15%，猛增至2005—2006年间的92.3%，在东南亚、中东、东亚、欧美等世界多数地区，均发现了对金刚烷胺的明显耐药性。

除了容易引起耐药性、促进毒株变异而危害人类健康以外，金刚烷胺具有神经毒性等一系列的副作用，长期接触容易使人出现幻觉、梦魇等神经障碍疾病以及恶心、头晕、失眠、颤栗、心慌、秃发等副作用。研究表明，长期接触金刚烷胺6周可使人发生心肌梗塞、角膜水肿及机能障碍、横纹肌溶解等副作用，尤其对于儿童或者肝肾功能发育不健全，更容易在体内蓄积，长期接触，可能出现多动、抑郁甚至会导致骨髓系统的问题，金刚烷胺的药物代谢研究结果表明，金刚烷胺在机体内以原体形式存在，也以原体在体内蓄积，因此，食品源动物在养殖过程中所接触的金刚烷胺极有可能通过食物链而进入人体，从而增加了人类病毒对于金刚烷胺的暴露水平，直接增加了人体出现金刚烷胺副作用的隐患，更提高了人体内病毒变异的可能性，影响人类疾病预防与控制措施的实施，对人类健康产生了不良影响。

正因上述危害，加强对金刚烷胺类药物的规范使用对于维护人类健康、降低流感病毒的耐药性、减少变异毒株的出现均具有极其重要的意义。美国、加拿大等国家疾病控制机构出于降低病毒变异的考虑，均不再使用金刚烷胺类药物作为流感病毒的预防与治疗，世界卫生组织也不再把金刚烷胺类药物作为流感病毒防治的首选药物。中国食品药品监督管理局于 2012 年 1 月份开始，禁止将金刚烷胺药物用于儿童流感病毒类治疗和预防。在兽药管理领域，农业部于 2005 年明文禁止将金刚烷胺类药物应用于动物的病毒性疾病的防治（农业部 560 号公告），在金刚烷胺类药物的规范化使用道路上迈出了关键性一步。

90. 孔雀石绿的来源及主要危害是什么？

孔雀石绿是一种带有金属光泽的绿色结晶体，属三苯甲烷类染料。又名碱性绿、严基块绿、孔雀绿，它既是杀真菌剂，又是染料易溶于水，溶液呈蓝绿色。孔雀石绿既是工业性染料，又是一种杀真菌剂，自上世纪 30 年代以来，许多国家曾经采用孔雀石绿杀灭鱼类体内外寄生虫和鱼卵中的霉菌，对鱼类水霉病、原虫病等的控制非常有效，而且操作方便，价格低廉。只需少量，约每升水 0.03 毫克的孔雀石绿即有效果。加上价格便宜，因此广泛使用在水产养殖上。孔雀石绿对治疗鱼身碰撞刮伤相当有效，可以防止细菌感染，避免伤口溃烂、扩散；部分养殖户不知孔雀石绿是禁药，加上饲料业者或水产品药商低价促销，且使用效果不错，常在幼鱼2～3周龄、或捞捕池中成鱼及后续运输过程，在水中添加孔雀石绿治疗鱼身外伤。因此，长期以来孔雀石绿在水产养殖业中的使用极为普遍。另外，在纺织工业中，孔雀石绿还被广泛用作丝绸、羊毛、皮革和纸张的染料等。从上世纪90年代开始，国内外研究学者陆续发现，孔雀石绿具有较多副作用，目前已被禁止使用。

孔雀石绿具有高毒素的副作用。它能溶解很多的锌，引起水生动物急性锌中毒；能引起鱼类的鳃和皮肤上皮细胞轻度炎症，使肾管腔有轻度扩张，肾小管壁细胞的细胞核也扩大；还影响鱼类肠道中的酶，使酶的分泌量减少，从而影响鱼的摄食及生长。美国国家毒理学研究中心研究发现，给予小鼠无色孔雀石绿104周，其肝脏肿瘤明显增加。试验还发现，孔雀石绿能引起动物肝、肾、心脏、脾、肺、眼睛、皮肤等脏器和组织中毒。孔雀石绿具有高残留的副作用。据专家介绍：孔雀石绿一经使用，养殖动物终身残留。虽然在后期的养殖过程中添加维生素类和微量元素可以减少一些，但至今仍无法完全消除。广东省大部分使用土池养鳗的养殖场，如果在不知情的条件下拿到经孔雀石绿处理过的鳗苗，在养殖过程中进排水量又不足够的话，整个违禁药物代谢过程相对较慢。同时，对于以前使用过孔雀石绿这类违禁药物的池塘，在塘内会有残留，鳗鱼属于无鳞鱼类，可以通过皮肤吸收而最终导致商品鳗鱼孔雀石绿残留。孔雀石绿具有三致作用。孔雀石绿进入人类或动物机体后，可以通过生物转化，还原代谢成脂溶性的无色孔雀石绿，具有高毒素、高残留和致癌、致畸、致突变作用，严重威胁人类身体健康。鉴于孔雀石绿的危害性，许多国家都将孔雀石绿列为水产养殖禁用药物。如加拿大于 1992 年就禁止其作为渔场灭菌剂；美国规定在食用水产品中禁止检出孔雀石绿和无色孔雀石绿；欧盟于 2002 年 6 月颁布法令禁止在渔场中使用孔雀石绿。我国也于 2002 年 5 月将孔雀石绿列入《食品动物禁用的兽药及其化合物清单》中，禁止用于所有食品动物。

91. 氯霉素的毒性主要有哪些？

氯霉素是由委内瑞拉链丝菌产生的抗生素，属抑菌性广谱抗生素。是治疗伤寒、副伤寒的首选药，治疗厌氧菌感染的特效药物之一，其次用于敏感微生物所致的各种感染性疾病的治疗。因对造血系统有严重不良反应，需慎重使用。

（1）骨髓造血机能抑制毒性。它是氯霉素最主要的毒性反应。氯霉素能抑制人体骨髓造血功能，引起人类的再生障碍性贫血粒状白细胞缺乏症。氯霉素对骨髓造血机能的抑制毒性有两种表现形式，一是短期可逆行骨髓抑制，在多数情况下氯霉素对骨髓抑制的程度与使用剂量和疗程有关，氯霉素产生毒性反应的基团是亚硝基衍生物，其作用机理被认为是抑制细胞线粒体的核糖体转肽酶活性而阻碍蛋白质的合成。临床表现为使用剂量或频率依赖性的血细胞减少，一般在停药后 12 天内恢复正常；二是再生障碍性贫血，在少数情况下发生，与氯霉素的使用剂量和疗程无关，与个体特异性反应

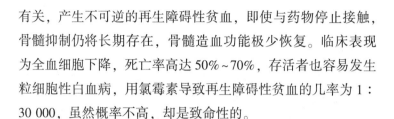

有关，产生不可逆的再生障碍性贫血，即使与药物停止接触，骨髓抑制仍将长期存在，骨髓造血功能极少恢复。临床表现为全血细胞下降，死亡率高达50%~70%，存活者也容易发生粒细胞性白血病，用氯霉素导致再生障碍性贫血的几率为1：30 000，虽然概率不高，却是致命性的。

（2）灰婴综合征。氯霉素可抑制骨髓造血功能，在新生儿尤其是早产儿容易引起急性中毒，产生"灰婴综合征"，"灰婴综合征"是早产儿及新生儿接受大剂量氯霉素后引起的一种全身循环衰竭，表现腹胀、呕吐、皮肤苍白、紫绀、循环及呼吸障碍，常在发病数小时后死亡。其发病机理是早产儿或新生儿的肝脏葡萄糖醛酸的结合能力不足和肾小球滤过氯霉素的能力低下，使体内的游离氯霉素浓度显著增高，直接抑制细胞线粒体的氧化磷酸化过程。吴昕通过对1989—2007年临床使用氯霉素不良反应研究发现，新生儿和早产儿由于肝功能发育不完全，肝脏对氯霉素的解毒功能受到限制，且肾小管排泄药物的能力也较低，致使氯霉素在体内缩留，高浓度的氯霉素直接抑制细胞线粒体呼吸和氧化磷酸化过程，应用氯霉素日剂量大于100毫克/千克，可能引起灰婴综合征。婴儿用药应小于每日25毫克/千克。一般3周岁以上的幼儿对氯霉素的耐受力与成人接近。成人也可发生灰婴综合征，一般是与各种原因所致的肝功能减退、患者长期大剂量服用氯霉素有关。一般当成人体内氯霉素含量超过1 000毫克/千克时，即可引起灰婴综合征。

（3）遗传毒性方面。报道提出，氯霉素为确基芳香族化合物，具有诱变和癌变的可能。

（4）神经毒性。氯霉素可诱发周围神经炎、视神经炎、血管神经性水肿等，具有神经毒性也可引起医源性神经精神疾病。

（5）免疫毒性。试验结果表明，小鼠连续饲喂含不同剂量氯霉素的饲料（按 600 毫克/千克和 300 毫克/千克体重剂量给予）后，红细胞免疫功能受到明显抑制，且随着氯霉素剂量增加，氯霉素的免疫毒性增强。

由于不可能保证氯霉素残留对人体的安全性，联合国粮农组织（FAO）和世界卫生组织（WHO）食品添加剂委员会（JECFA）在第 38 届会议上建议禁止使用氯霉素，特别是禁止用于产蛋和产奶动物，因为在蛋和奶中高含量残留会导致不安全性。世界上许多国家禁止此药用于生产食品动物，并规定了其在畜产品中最高残留限量。欧盟、美国等均在法规中规定氯霉素的残留限量标准为"零容许量"；2002 年 3 月，日本厚生省也公布了包括氯霉素在内的 11 种药物最高残留限量。香港特别行政区政府颁布的《公共卫生〈动物及禽鸟〉（化学物残余）规例》也明确规定在食用动物中禁止使用包括氯霉素在内的 7 种药物。我国农业部已将氯霉素从 2000 年版的《中国兽药典》中删除，作为禁用药品，在 2002 年年底的农业部第 235 号公告《动物源性食品中兽药最高残留限量》中明确规定氯霉素禁止使用，在动物性食品中不得检出。

92. 苯并［a］芘的生物毒性是什么？

苯并［a］芘是一个由 5 个苯环构成的多环芳烃，具有很强的致癌性和致突变性。它是多环芳烃中有代表性的化合物之一，遇光易分解，难溶于水，易溶于有机溶剂，如苯、甲苯、二甲苯及环己烷等。主要存在于烟熏、火烤、煎烤、油炸的食物中，因为脂肪高温状态下可裂解产生苯并［a］芘及其他衍生物，专家分析：用这种方式处理过的食物中，会富含苯并［a］芘，经常食用易患食道癌和胃癌。有试验表明，食用植物油加温后苯并［a］芘含量是加温前的233倍，而且油烟雾中其含量更高。

目前，各类食品中已经检测出20余种多环芳香烃（PAHs），其中以熏烤类食品污染最严重。据研究分析，1千克烟熏过的猪、牛肉含有苯并［a］芘相当于125支香烟所含的量，鱼肉煎炸2~4分钟后，可以促使致癌物质增加4倍。

苯并［a］芘对人的健康有巨大危害，它主要是通过食物或饮水进入机体，在肠道被吸收，进入血后很快分布于全身。乳腺和脂肪组织蓄积苯并［a］芘。苯并［a］芘对眼睛、皮肤有刺激作用，是致癌物和诱变剂，有胚胎毒性。动物实验发现，经口摄入苯并［a］芘可通过胎盘进入胎儿体内，引起毒性及致癌作用。苯并［a］芘主要经过肝脏、胆道从粪便排出体外。

（1）致癌性。目前已经检查出的400多种主要致癌物中，一半以上是属于多环芳烃类化合物。其中，苯并［a］芘是一种强致癌物，它不仅是多环芳烃类中毒性最大的一种（其毒性超过黄曲霉毒素），而且也是所占比例较大的一种，约占全部环境汇总致癌多环芳烃类化合物的20%。

（2）致畸性和致突变性。苯并［a］芘对兔、豚鼠、大鼠、鸭、猴等多种动物均能引起胃癌，经胎盘使子代发生肿瘤，造成胚胎死亡或畸形及仔鼠免疫功能下降。苯并［a］芘是许多短期致突变实验的阳性物，但它是间接致突变物，在污染物致突变性检测实验及其他细菌突变、细菌 DNA 修复、姐妹染色单体交换、染色体畸变、哺乳类细胞培养及哺乳类动物精子畸变等实验中均呈阳性反应。

（3）长期性和隐匿性。苯并［a］芘如果在食品中有残留，即使人当时食用后无任何反应，也会在人体内形成长期性和隐匿性的潜伏。

93. 猪肉中如果有氯丙嗪残留会给人带来什么影响？

氯丙嗪又名冬眠灵，属于吩噻嗪类代表药物，学名 2-氯-10（3-二甲胺基丙基），属镇静剂类药物。临床上常用镇静剂包括氯丙嗪、地西泮（也叫安定）、硝西泮、艾司唑仑、三唑仑、异丙嗪、咪唑旦和安眠酮等药物，多达 30 余种。

镇静剂类药物是指能使中枢神经系统产生轻度抑制，减弱机能活动，从而起到消除躁动不安、恢复安静的一类药物。该类药物除具有镇静作用外，很多还是一类生长促进剂，被用作动物饲料添加剂，具有使动物嗜睡少动、生长快且有改变肉质的作用。近年来，个别饲料生产企业为了追求饲料的转化率和高额利润，不顾国家的法律法规，在生产环节加入镇静剂类药物，尤其是养猪生产中，饲喂安定、氯丙嗪等可导致神经麻痹、安静嗜睡从而使猪活动量降低，达到快速催肥，缩短出栏时间，增加饲料报酬的目的。在运输过程中，氯丙嗪和安定均可降低猪的应激反应程度，减少能耗，降低成本。但饲喂过安定的畜禽体内会有该药物的残留，人类通过进食摄入，并经长期蓄积后可引起中毒。

氯丙嗪作为一种中枢多巴胺受体的阻断剂，精神病人服用后，在不过分抑制情况下，能迅速控制精神分裂病症人的躁狂症状，减少或消除幻觉、妄想，使思维活动及行为趋于正常，能增强催眠，有麻醉、镇静作用，可阻断外周 α-肾上腺素受体、直接扩张血管，引起血压下降，大剂量时可引起体位性低血压等副作用。这种药主要在肝脏代谢，易产生药物残留，对人们的身体健康造成很大影响

目前，我国已将镇静剂类药物列入食品动物禁用的兽药及其他化合物清单。

94. "3·15" 报道的这三种兽药有危害吗? 如何正确使用?

2017 年 3·15 晚会报道了山东省个别养殖户违规用药，以及山东、江苏、河南等地个别饲料生产企业非法添加药物问题，引起了全社会的关注。对于其中提到的喹乙醇、黄霉素和二氢吡啶这三种兽药，大多数人对其开始闻名色变。这些兽药是什么? 到底有没有危害? 如何科学对待和使用?

（1）三种兽药是否有危害?

①关于喹乙醇：喹乙醇又名奥喹多司，为浅黄色结晶性粉末，无臭，味苦。溶于热水，微溶于冷水，在乙醇中几乎

不溶。化学名为2-[N-2-羟基-乙基]-氨基甲酰-3-甲基-喹噁啉-1，4-二氧化物。喹乙醇又称喹酰胺醇，商品名为倍育诺、快育灵，由于喹乙醇有中度至明显的蓄积毒性，对大多数动物有明显的致畸作用，对人也有潜在的三致性，即致畸形，致突变，致癌。因此喹乙醇在美国和欧盟都被禁止用作饲料添加剂。《中国兽药典》（2005版）也有明确规定，喹乙醇被禁止用于家禽及水产养殖。

喹乙醇是抗菌促进生长剂，具有促进蛋白同化作用，提高饲料转化率，使猪增重加快。对革兰氏阴性菌有抑制作用；对革兰氏阳性菌有一定的抑制作用；对四环素、氯霉素等耐药菌株仍然有效。

大剂量使用喹乙醇对动物可产生毒性作用。喹乙醇中毒时，引起肾上腺皮质受损，同时引起高血钾、低血钠。并且，喹乙醇在体内具有蓄积性，在动物体内蓄积到一定程度时会对动物或人产生致畸、致癌、致突变的"三致作用"。

②关于二氢吡啶：二氢吡啶的化学名称为2，6-二甲基-3，5-二乙酯基-1，4-二氢吡啶，是一种新型多功能的饲料添加剂，具有广泛的生物学功能，在医学上用作心血管疾病的防治保健药物，有治疗脂肪肝、中毒性肝炎、抗衰老、防早熟等作用。二氢吡啶最初由前苏联科学家合成并应用，因其具有天然抗氧化剂 V_E 的某些作用，最早在20世纪30年代，主要用作动植物油的抗氧化剂，70年代，前苏联拉脱维亚专家们发现其具有促进畜禽生长作用以来，世界各国相继展开了相关研究，并发现二氢吡啶有促进畜禽生长、改善畜禽产品品质、提高畜禽繁殖性能及防病等功能。

1996 年我国批准其可作为兽药产品，现喂或与饲料混合饲喂畜禽，用于提高畜禽的饲料转化利用率，改善畜禽产品的品质，改善畜禽的繁殖性能。经过系统地安全评价，发现它没有毒副作用。由于二氧吡啶的应用面很广，国内外对其作用效果报道不一，总的来说都是正效应，至今尚未发现产生负效应的报告。

③关于黄霉素。黄霉素在 1993 年被我国批准引进用作畜禽生产中的抗生素类促生长剂，其分子量大无残留，排出后在土壤中可降解，无危害，使用时无休药期。

（2）如何正确使用这三种兽药？

①这三种兽药必须制成预混剂后才能使用：喹乙醇、二氢吡啶和黄霉素是原料药，不能直接用于饲料生产和养殖使用。根据《兽药管理条例》第四十一条规定，经批准可以在饲料中添加的兽药，应当由兽药生产企业制成药物饲料添加剂后方可添加，禁止将原料药直接添加到饲料及动物饮用水中或者直接饲喂动物。

换言之，在实际饲料生产和养殖过程中允许使用的都是含喹乙醇、二氢吡啶和黄霉素成分的预混剂产品。

如果违法使用的话，根据《兽药管理条例》第六十八条规定，直接将原料药添加到饲料及动物饮用水中，或者饲喂动物的，责令其立即改正，并处 1 万元以上 3 万元以下罚款，给他人造成损失的，依法承担赔偿责任。

②这三种兽药的正确使用方法：国家在批准新兽药时，对其使用方法、剂量、注意事项和休药期等都进行了详细规定，还专门出台了《动物性食品中兽药最高残留限量》，对药

物残留进行了规定，以确保食品安全。

例如：喹乙醇在猪体内的残留标志物，肌肉中的最大残留限量为 4 微克/千克，肝脏中的最大残留限量为 50 微克/千克。

此外，《中国兽药典》等兽药国家标准相关文件的推荐用法用量列明如下：

喹乙醇预混剂推荐用法用量：混饲。猪，每 1 000 千克饲料，使用喹乙醇预混剂 1 000~2 000 克。禁止用于禽、鱼；对体重超过 35 千克的猪禁用。使用人需做好防护工作，其手和皮肤不应接触药物。

二氢吡啶预混剂推荐用法用量：混饲。每 1 000 千克饲料，牛 100~150 克，种肉鸡 150 克。现喂或与饲料混合。休药期：牛、肉鸡 7 日，奶牛弃奶期 7 日。

黄霉素预混剂用法用量：混饲，以黄霉素计算。肉牛，一日量 30~50 毫克。每 1 000 千克饲料，育肥猪 5 克，仔猪 20~25 克；肉鸡 5 克。不宜用于成年畜、禽，无休药期。

2017 年央视 3·15 晚会播出后，农业部第一时间派出工作组赶赴三地，督导地方严格落实监管责任，严惩违法行为。3 月 17 日，农业部印发《关于严厉打击饲料生产和养殖环节违法使用兽用抗菌药物行为的通知》，特别强调，畜禽产品质量安全隐患依然存在，特别是少数单位和个人为牟取私利，在饲料兽药生产经营环节违法违规使用人用药、兽药等问题突出，性质恶劣，潜在风险不容忽视，必须坚决从严惩处。

95. 食品中铅的来源及对人体的危害有哪些?

铅在自然界中分布很广，水、土壤、大气和各种食品中均含有微量的铅。铅及其化合物在工农业生产中广泛应用，造成的污染也很普遍，是常见的环境和食品污染物之一。

（1）食品中铅的来源。

①煤及含铅汽油燃烧产生的废水、废气、废渣等是环境和食品中铅的主要来源。例如，土壤中的铅可被作物吸收而转入食品当中，当土壤中含铅量为 28.0 毫克/千克时，用以种植的蔬菜含铅量可达 1.72 毫克/千克。

②水生生物可浓缩铅：某些水生生物对海水中铅的浓缩系数可高达 1 400 倍以上。据调查统计，近 20 年来北半球沿海表层海水的含铅量增加了 10 倍。

③使用含铅杀虫剂可对作物造成污染：如我国目前果园使用砷酸铅农药杀虫，在粮食和水果中铅的残留量可达 1.0 毫克/千克。

④汽车尾气对大气造成污染：自 1923 年用四乙基铅作为汽油防爆剂以来，汽车尾气已构成大气中铅的主要污染来源。一辆汽车一年可向空气中排放 2.5 千克铅，其中一半可飘落在公路两侧 30 米内的作物上，使作物受到污染，其余的多数沉降到土壤表面。据资料，对北京地区三条车流量较大的公路两侧 2~30 米距离的土壤铅含量测定表明，在距公路 2 米处，铅含量比背景值（24.6 毫克/千克）高 3.94~6.69 倍，

30 米处高 1.67~2.73 倍。

⑤食品加工、贮藏及运输过程中所使用的容器、包装材料中含铅，可直接进入食品中。如铅合金、搪瓷、陶瓷、马口铁等。陶制容器的釉料中含有氧化铅，长时间存放酸性食品即可溶出。食具为达到防腐的目的而镀一层锡，也可带来铅污染；罐头食品的马口铁焊锡中含铅 40%~60%。此外，食品加工用的机械设备、管道等含铅，有些非金属如聚氯乙烯塑料管材用铅作稳定剂，在一定条件下铅会逐渐迁移于食品中。

⑥食品加工时接触铅，会逐渐渗透到食品中，如加工皮蛋时放的黄丹粉（氧化铅），铅会迁移到蛋内，加入量过多，蛋白上出现黑斑，此时每千克食品中含铅量可高达数 10 毫克。

（2）铅对人体的危害。铅及其化合物都具有一定的毒性，铅化合物的毒性大小决定于在体液内溶解度的大小，如极难溶于水的硫化铅的毒性远较易溶于水的硫酸铅小。一般有机铅比无机铅的毒性大。铅对人的中毒量为 0.04 克，致死量大于 20 克。

铅在体内的生物半衰期为 1 460 天。摄入体内的铅主要分布在肝、肾中，其次为脾、肺、脑和肌肉等组织内，最后 95% 以上的铅转移到骨骼中，以不溶性的磷酸铅形式沉积下来。

长期摄入较高量的铅，可引起慢性中毒。每日经口摄入 0.1 克/千克的硫酸铅或碳酸铅即可引起慢性中毒。铅对人体很多系统都有损害，主要表现在神经系统、造血系统和消化系统。中毒性脑病是铅中毒的最重要表现，主要是呈现增生性脑膜炎或局部脑损害等综合症状。铅可导致肝硬化、动脉硬化。动物实验证明，铅可引起大鼠肾脏肿瘤，四乙基铅可引起小鼠肝癌的发生。铅能透过胎盘侵入胎儿体内，特别是侵入胎儿脑组织。铅对儿童的危害很大，主要影响儿童的智力发育，严重的可造成高度的脑障碍。

96. 食品中砷的来源及对人体的危害有哪些？

砷及砷化合物是常见的环境和食品的污染物之一。砷在自然界中分布很广，正常的食品中均具有砷的本底浓度（本底浓度是指大气或水体中某物质基本混合均匀后的浓度，也称为背景浓度）。砷及其化合物在工农业生产中广泛应用，所造成的环境污染是食品中砷的重要来源。砷也是人体的必需微量元素之一。

（1）砷对食品的污染及危害。

①"三废"污染：工农业生产中的各种含砷废气、废水和废渣污染环境，都将造成食品中含砷量的增加。据报道，海水含砷量为 2~30 微克/千克，而工业城市毗邻的沿海水域可达 140~1 000 微克/千克；在冶炼厂附近的海底污泥中高达290~980 毫克/千克。因此，在这些地区生长的作物和水生生物均可受到污染，如我国渤海中的海带含砷 30~40 毫克/千克。用含砷废水灌溉农田，砷可在农作物中残留，如灌溉水含砷 1 毫克/升，大米中残留量即可达 1.77 毫克/千克，为对

照区的 2.1 倍；灌溉水含砷 100 毫克/升，大米中残留量为对照区的 6 倍。

②农药、兽药和饲料添加剂污染：使用含砷农药，例如防治水稻纹枯病的稻脚青、田间除草剂亚砷酸钠等。动物饲料中使用的有机砷，作为饲料添加剂用于抑制病原微生物，以促进生长及改善动物外观与畜产品颜色，而常用的有机砷制剂有氨苯砷酸（阿散酸）和硝基羟基苯砷酸（洛克沙生）。饲料中大剂量添加的阿散酸、洛克沙生等有机砷制剂，砷在动物肝、肾、脾、骨骼等组织中富集而发生高残留，动物粪便排入环境，使土壤和水源中砷的含量猛增。

③食品加工过程中的污染：在食品加工中使用含砷过高的原料，如无机酸、葡萄糖、碱、食用色素和其他添加剂等，均可造成食品污染。例如，日本曾发生过酱油中毒事件，系因在生产酱油的过程中使用含砷量高的工业盐酸的结果，英国因啤酒发酵过程中使用含砷量高的葡萄糖，而引起 7 000 人中毒，1 000 人死亡。

④海水对水产品的污染：由于污染的海水含有较多的砷，通过水生生物的"食物链"富集，可将砷浓缩 3 300 倍。海生生物体内存在的砷是一种高度稳定的毒性较低的有机砷。鱿鱼中含砷最高，平均在 16 毫克/千克左右，牡蛎、乌贼含量在 2~4 毫克/千克。

（2）食品中的砷对人体的危害。元素砷无毒，砷化合物如氧化物、盐类及有机砷化合物均有毒性，三价砷的毒性大于五价砷大于有机砷；可溶性砷的毒性大于不溶性砷，亚砷酸盐的毒性大于砷酸盐。溶解度小的单质砷和化合物如雄黄、雌黄等毒性很低，而砷的氢化物和盐类大多属于高毒物质。

三氧化二砷即砒霜是剧毒物，可引起急性中毒，也可因蓄积而致慢性中毒，其中毒量为 0.005~0.05 克，敏感者 1 毫克即可中毒，致死量为 0.1~0.2 克。亚砷酸钠具有强烈毒性，砷化氢具有大蒜气味的剧毒气体，砷酸铅的毒性也较大。

有机砷或五价砷在体内均可还原成毒性大的三价砷，再经代谢作用转化为亚砷酸盐，与巯基结合而蓄积于组织中。进入人体的砷在富含胶质的毛发和指甲中高度富集，骨和皮肤次之，在其他组织中则平均分布。

砷的急性中毒多因误食引起，长期少量摄入砷主要引起慢性中毒，慢性砷中毒主要表现为感觉异常，进行性虚弱、眩晕、气短、心悸、食欲不振、呕吐、皮膜黏膜病变和多发性神经炎，颜面、四肢色素异常称为砷源性黑皮症和白斑；心、肝、脾、肾等实质脏器发生退行性病及并发溶血性贫血、黄疸等，严重时可导致中毒性肝炎、心肌麻痹而死亡。砷还能通过胎盘影响胎儿。台湾西海岸台南与嘉义县曾发生的"黑足病（乌脚病）"，是因长期饮用砷浓度高的井水（达 1.2~2.0 毫克/升）所致的慢性中毒。

97. 食品中镉的来源及对人体的危害有哪些？

据资料，全世界平均每年排放镉为 100 万吨，污染环境甚至已威胁到人类健康。

（1）镉对食品的污染。

①"三废"污染：环境污染中的镉主要来自冶炼、农药及化肥制造和化学工业等所产生的废水、废气和废渣。世界土壤中镉的质量分数大约在 0.01~0.7 微克/克，平均为 0.5 微克/克，我国土壤镉的环境背景值为 0.079 微克/克。各种含镉工业、"三废"的排放可直接污染土壤和水体，如日本"痛痛病"地区神通川流域水体中的镉含量高达 100 微克/千克，其土壤含镉超过 50.0 毫克/千克。作物可从土壤中吸收镉并把它富集于体内，加拿大曾对燕麦进行过测定，生长在未被镉污染的土壤上的燕麦根部含镉量为 1.11 毫克/千克，而生长在被镉污染的土壤上的燕麦根部含镉量高达 237 毫克/千克；当土壤中镉含量为 9.7 毫克/千克时，生长的稻米含镉 0.12~1.91 毫克/千克，最高可达 4.2 毫克/千克。含镉工业废水排入水体，可使水中镉的含量增高，水中生长的鱼、贝类等水生生物可将镉浓缩数千倍。如非污染区贝类含镉量为 0.05 毫克/千克，而在污染区的贝类含镉量可高达 420 毫克/千克。

②汽车尾气污染：汽车尾气是现代城市空气受到镉污染的主要原因之一，据资料，对北京地区部分公路两侧土壤中镉的污染研究表明，公路两侧在 2 米处土壤中镉的含量比北京地区土壤中镉的背景值（0.119 毫克/千克）高 16~18.8 倍，在 30 米处最低土壤镉含量也超过了背景值 6.7 倍。

③含镉化肥的污染：主要是磷肥（磷肥含镉量：粗磷肥 100.0 毫克/千克，过磷酸钙 50.0~170.0 毫克/千克），磷肥的施用面广而量大，所以从长远来看，土壤、作物和食品中来自磷肥和某些农药的镉，可能会超过来自其他污染源。农

用塑料薄膜生产应用的热稳定剂中含有镉，在大量使用塑料大棚和地膜过程中都可以造成土壤镉的污染。污泥施肥是农业土壤中镉的主要来源之一，污泥中含有大量的有机质和氮、磷、钾等营养元素和镉，随着大量的市政污泥进入农田，使农田中镉的含量在不断增高。

④容器污染：因镉具有耐高热又有鲜艳颜色，因此常用硫化镉和硫酸镉作玻璃、搪瓷上色颜料和塑料稳定剂；另外，大多数金属容器都含有镉，例如不锈钢容器即含有微量镉。食品加工、贮存容器或食品包装材料等所含的镉，在与食品接触的过程中，可溶于食品中的乳酸、柠檬酸、醋酸中，而造成镉污染。

⑤动物受到镉污染：镉通过饲料、水、空气等进入动物体内，消化道的吸收率一般在10%以下，呼吸道的吸收率为10%~40%。环境中的镉主要通过植物进入动物体内，因此，镉在动物体内的含量与动物所食植物污染程度、种类、部位等相关。矿物饲料添加剂含镉量高，锌矿含镉量为0.1%~0.5%，高者可达2%~5%，加工不完全的含锌矿物质饲料原料可能含有高浓度的镉，导致添加剂预混料和配合饲料中镉含量严重超标。在配合饲料生产过程中，使用表面镀镉处理的饲料加工设备、器皿时，因酸性饲料将镉溶出，也可造成饲料的镉污染。

（2）镉对人体的危害。镉是一种毒性很强的重金属元素，对动物和人肾、肺、肝、睾丸、脑、骨骼及血液系统均可产生毒性，而且还有"三致"作用，在肾脏的一般蓄积量与中毒阈值很接近，安全系数很低。进人体内的镉大部分蓄积于肾脏和肝脏中，大约有 1/3 在肾脏、1/6 在肝脏，其次为皮肤、甲状腺、骨骼、睾丸和肌肉等组织。镉在体内排泄很慢，其生物半衰期长达 16~33 年，所以会在体内蓄积。经由食品长期摄入低浓度的镉可呈现慢性蓄积性中毒，主要表现在骨骼和肾脏的变化：肾脏严重受损，发生肾炎及肾功能不全；骨质软化、疏松和变形。镉可引起高血压、动脉粥样硬化、贫血及睾丸损害，破坏精原上皮细胞和间质，引起睾丸酮合成减少，生育率下降。镉能诱发大、小鼠的恶性肿瘤，可引起试验动物发生横纹肌肉瘤和皮下肉瘤，对各种动物都有致畸作用。

98. 汞对食品的污染及对人体的危害有哪些？

汞又称水银，是一种对人体有害的元素。汞具有挥发性及生物富集性，汞中毒已成为世界上严重公害之一。

（1）汞对食品的污染。

①汞在鱼体内的甲基化：食品中污染的汞可分为无机汞和有机汞，无机汞溶解度小，不易吸收，但经鱼体及微生物作用，便可转化成毒性更强的有机汞，特别是甲基汞。进入水体中的汞离子，被水中胶状颗粒、悬浮物、细粒泥土、浮游生物所吸附，以重力沉降于水底淤泥中，最后通过微生物作用转化为甲基汞而溶于水中，这是鱼体中甲基汞的主要来源。鱼体中的汞几乎都以甲基汞的形式存在（可达体内含汞总量的 80% 以上），故也是甲基汞进入人体的主要途径。

②汞的生物浓缩：环境中的汞均可通过自然界的生物链得到浓缩，并最终通过食物链进入人体。主要食物链有陆生生物食物链：土壤中汞→植物→动物（或人）→人，水生生物食物链：水中甲基汞→浮游生物→浮游植物→甲壳类和草食鱼类→杂食鱼类→人。其中水中生物的浓缩作用更强，试验证明，藻类可将水中的汞浓缩 2 000~17 000 倍，某些水生昆虫可达 11 700 倍，当水中汞含量为 0.001~0.01 毫克/升时，通过小球藻→小软体动物→鱼的转移浓缩，35 天后鱼体中汞的含量可达水的 800 倍，淡水浮游植物和水生植物达 1 007 倍，淡水无脊椎动物竟高达 10 万倍。由此可见，通过食物链可使生活在含汞环境中的鱼体汞含量显著增高。

③汞的植物内吸作用：无机汞和有机汞可以被植物的根、茎、叶所吸收，直接或经动物浓缩而进入人体。生长在土壤中的植物一般并不能将汞浓缩，故植物中汞含量很低。但如用含汞废水灌溉或含汞农药使用不当，往往可使农作物含汞量增高。用含汞废水灌溉农作物时，汞可被吸收，蓄积在作物的籽实中。美国曾用一污水处理厂的含汞污泥作肥料，结果使大米含汞量高达 0.5~1.4 毫克/千克。有机汞农药直接喷洒后引起作物表面吸附，再吸收到作物组织；散落在土壤和水中的有机汞农药，可经作物根部吸收。用含汞农药对种子进行消毒或灭菌，也可致使粮食中的汞污染严重。我国过去曾用有机汞农药及含汞废水灌溉农田，也发生过作物含汞量高并引起中毒的事故。

（2）食品中的汞对人体的危害。各种汞化合物都有毒，但其毒性差别很大，凡能溶于水和稀酸的汞化合物毒性都很大，一般有机汞的毒性比无机汞和金属汞为强。金属汞因不溶于胃肠液中，其吸收率低于 0.01%，对人体基本无毒。对人体有剧毒的是汞蒸汽，可经呼吸道及皮肤进入体内。无机汞的肠道吸收率也较低，一般均在 15% 以下，无机汞主要损害肾脏，其毒性大小取决于它们的溶解度。毒性最强的是易溶于水的硝酸汞，成人致死量为 0.06~0.25 克，升汞次之，其中毒量为 0.1~0.2 克，致死量为 0.3~0.5 克；甘汞的成人致死量为 2~3 克；辰砂（HgS）的溶解度很低，毒性最小。

有机汞化合物中，毒性较大的是有机汞农药，包括西力生、赛力散、富民隆、谷仁乐生。甲基汞是毒性最强的有机汞，这不仅是因为它的毒性强，还因为它在体内的吸收率高达 90% 以上。通过食品摄入体内的汞主要是甲基汞，所引起的毒性主要为慢性甲基汞中毒。甲基汞进入人体后不易降解，代谢很慢，体内的生物学半衰期平均为 65 天，脑中的生物学半衰期约为 240 天，因此，属于蓄积性毒物，特别是容易在脑中积累，造成脑神经中枢损伤。有报告表明，人体内甲基汞蓄积量达 25 毫克时可出现感觉障碍，55 毫克时可出现运动失调，90 毫克时可出现语言障碍，170 毫克时可出现听力障碍，200 毫克时可致死亡。血汞在 200 微克/升以上，头发汞在 50 微克/克以上，尿汞在 2 微克/升以上，即表明有汞中毒的可能。慢性甲基汞中毒初期缺乏特异性症状，主要为中枢神经机能障碍，表现为神经衰弱症。发展下去，逐渐产生汞中毒的典型症状，即汞中毒性"易兴奋症"、汞毒性震颤、汞毒性口腔炎等三大症状。甲基汞还可通过胎盘而损害胎儿。

99. 铬对食品的污染及对人体的危害有哪些?

铬（Cr）是人体营养元素之一，三价铬离子为糖和胆固醇代谢所必需，对维持正常的糖耐量、发育及寿命都有不可缺少的作用。人体缺铬可使胆固醇增高，是引起动脉粥样硬化及心脏病的原因之一；铬是葡萄糖耐量因子的一个有效成分，缺铬可使糖的利用能力降低，引起血糖上升，严重时会发生高血糖及糖尿病。铬的毒性主要是由六价铬及铬酸盐、重铬酸盐引起，重铬酸盐比铬酸盐更有毒，据报道，六价铬对人的致死量为 5g。

（1）铬对食品的污染。所有应用铬及其化合物的工业，均可产生含铬"三废"，而对环境造成污染。如制革工业排出的废水含铬量约 410 毫克/升，处理 1 吨原皮可排出废水 50~60 吨；石油化工和镀铬等工业废水中也含有大量的六价铬，这些含铬废水如不经处理排入江河，不仅污染水源，还可使海水及其底质含铬量增加。据国内资料，用含铬浓度为 0.01~15 毫克/升的废水灌溉蔬菜，可使蔬菜含铬量增加。

铬与其他重金属一样，可由土壤、水、空气进入生物体，再通过食物链而进入食品动物或人类体内。海水中的微量铬可经水生生物浓缩，使海产品体内含铬量显著增高。各种海洋生物中的铬含量通常为 50~500 微克/千克，它们对铬的浓缩系数是：海藻 60~120 000，无脊椎动物 2~9 000，鱼类 2 000。畜、禽对铬也有浓缩作用，但浓缩作用较海洋生物为小，一般畜禽肉含铬不超过 0.5 毫克/千克。

容器对食品的直接污染。酸性食品与金属容器接触，该容器所含的铬可被释出而污染食品，如番茄含铬量仅为 0.01 毫克/千克，当用不锈钢锅烹调后可增至 0.14 毫克/千克。

（2）铬对人体的危害。铬虽为人体必需的微量元素之一，但只有三价铬对机体才有益，三价铬人体日需要量为 0.06~0.36 毫克。当铬进入体内过多，则对健康带来危害。在铬化物中，六价铬毒性最强，比三价铬大 100 倍，三价铬次之，二价铬和金属铬毒性很小或无毒。铬的毒性主要是由六价铬及铬酸盐、重铬酸盐引起，重铬酸盐比铬酸盐更有毒。

摄入人体中的铬主要来自食品，而从饮水或空气中摄入的铬少到几乎可忽略不计。人体内的铬，主要分布于肝、肾、心和肺内，从组织内清除较慢，其生物半衰期为 27 天，故在体内有一定的蓄积作用。铬化物的致癌作用也引起了人们的关注，肿瘤患者的肺、肝、肾中的铬含量均较正常人高；当从呼吸道吸入铬酸钙时，可引起大鼠产生肺部肿瘤或肺鳞状上皮癌；人们很早就发现铬酸盐工厂工人呼吸道癌发病率高，死亡率也高，并认为这与吸入铬有关；电镀铬的工人肺癌发病率也较高。因此铬的致癌作用已经是不言而喻了。

100. 放射性物质污染肉的途径及对人体的危害是什么？

国际原子能机构、联合国粮农组织等八个国际组织联合倡议制定的《国际电离辐射防护与辐射源基本安全标准》规定，但凡进入国际贸易的食品，必须参照国际食品法典委员会制定的放射性核素含量的指导水平（CODEXSTAN 193—1995，2016 年修订）。国际食品法典委员会以 1mSv（Sv，西弗，辐射剂量单位，mSv 为毫西弗）为基准，给出了食品中放射性核素含量的指导水平，并据此对人类消费和国际贸易的食物实施控制。2011 年，世界卫生组织发布了第四版《饮用水水质准则》，同样规定了饮用水中放射性核素含量的指导水平，不管辐射源是天然源还是人工源，饮用水的"个人剂量控制值"定为每年 0.1mSv。

（电离）辐射分布于任何地方，天然放射性物质也同样广泛地分布于整个环境—空气、水、食物、岩石、土壤、居室等。普通人即便每天悠闲地待在房间，每年也能受到 2.4mSv 的天然辐射照射，这是世界平均值。其中，约有 0.29mSv 是通过食物"吃"进体内所受的剂量。可见，食品和饮用水的 1mSv 和 0.1mSv 标准是极为谨慎的。食物里放射性核素的来源分为天然和人工放射性核素，后者更重要，包括大气层核试验、核设施生产过程中，使用人工放射性同位素的科研、生产和医疗单位等向环境的释放。放射性物质对肉品污染的途径主要有直接污染和间接污染两种方式。

（1）直接污染。指放射性物质直接粘附在肉品上。如辐照处理肉品，辐照剂量过大，可直接污染肉品。

（2）间接污染。通过生物生理生化作用，使肉品受到放射性核素污染。如动物食入被放射性物质污染的牧草、饲料、粮食和饮水，致使肉、乳和其他可食组织有一定的放射性物质。

　　放射性物质污染的危害主要有：通过食物摄入人体的放射性核素，在体内继续发射多种射线引起内照射。当放射性物质蓄积到一定浓度后，便对机体的各种组织和器官产生多方面危害，引起慢性放射病和长期效应，如损害免疫系统和生殖功能，诱发肿瘤，并有致畸和致突变作用。因此，一定要注意禁止食用被放射性物质污染的食品。

附表 1 兽药休药期表

药物类别	药物名称	休药期（天）	使用指南
抗微生物	青霉素钾	0	肌内注射，2 万~3 万单位/1 千克体重，一日 2~3 次，连用 2~3 日。1 毫克 = 1 598 单位。
抗微生物	青霉素钠	0	肌内注射，2 万~3 万单位/1 千克体重，一日 2~3 次，连用 2~3 日。1 毫克 = 1 670 单位。
抗微生物	普鲁卡因青霉素	7	肌内注射，2 万~3 万单位/1 千克体重，一日 1 次，连用 2~3 日。1 毫克 = 1 011 单位。
抗微生物	注射用苄星青霉素	10	肌内注射，3 万~4 万单位/1 千克体重，必要时 3~4 日重复一次。
抗微生物	苯唑西林钠	3	肌内注射，10~15 毫克/1 千克体重，一日 2~3 次，连用 2~3 日。
抗微生物	氨苄西林钠	15	肌内、静脉注射，10~20 毫克/1 千克体重，一日 2~3 次，连用 2~3 日。
抗微生物	头孢噻呋	0	肌内注射，3~5 毫克/1 千克体重，一日 1 次，连用 3 日。
抗微生物	硫酸链霉素	0	内服，仔猪 0.25~0.5 克，一日 2 次。肌内注射，10~15 毫克/1 千克体重，一日 2~3 次，连用 2~3 日。
抗微生物	硫酸卡那霉素	0	肌内注射，10~15 毫克，一日 2 次，连用 2~3 日。
抗微生物	硫酸庆大霉素	40	肌内注射，2~4 毫克/1 千克体重，一日 2 次，连用 2~3 日。

（续表）

药物类别	药物名称	休药期（天）	使用指南
抗微生物	硫酸新霉素	3	内服，10 毫克/1 千克体重，一日 2 次，连用 3~5 日。
抗微生物	硫酸阿米卡星	0	皮下、肌内注射，5~10 毫克/1 千克体重，一日 2~3 次，连用 2~3 日。
抗微生物	盐酸大观霉素	21	内服，仔猪 10 毫克/1 千克体重，一日 2 次，连用 3~5 日。
抗微生物	硫酸安普霉素	21	混饲，80~100 克/1 000 千克饲料，连用 7 日。
抗微生物	土霉素	20	静脉注射，5~10 毫克/1 千克体重，一日 2 次，连用 2~3 日。
抗微生物	盐酸四环素	5	内服，10~25 毫克/1 千克体重，一日 2~3 次，连用 3~5 日。静脉注射，5~10 毫克/1 千克体重，一日 2 次，连用 2~3 日。
抗微生物	盐酸多西环素	5	内服，3~5 毫克/1 千克体重，一日 1 次，连用 3~5 日。
抗微生物	乳糖酸红霉素	0	静脉注射，3~5 毫克/1 千克体重，一日 2 次，连用 2~3 日。
抗微生物	吉他霉素	3	内服，20~30 毫克/1 千克体重，一日 2 次，连用 3~5 日。
抗微生物	泰乐菌素	14	肌内注射，9 毫克/1 千克体重，一日 2 次，连用 5 日。
抗微生物	酒石酸泰乐菌素	0	皮下、肌内注射，5~13 毫克/1 千克体重，一日 2 次，连用 5 日。
抗微生物	磷酸泰乐菌素	0	混饲，400~800 克/1 000 千克饲料。
抗微生物	磷酸替米考星	14	混饲，200~400 克/1 000 千克饲料。
抗微生物	杆菌泰锌	0	混饲，4 月龄以下 4~40 克/1 000 千克饲料。
抗微生物	硫酸黏菌素	7	内服，仔猪 1.5~5 毫克/1 克体重。混饲，仔猪 2~20 克/1 000 千克饲料。混饮，40~100 克/1 升水。

（续表）

药物类别	药物名称	休药期（天）	使用指南
抗微生物	硫酸多黏菌素 B	7	肌内注射，1 毫克/1 千克体重。
抗微生物	恩拉霉素	7	混饲，猪饲料中添加量为 2.5~20 毫克/千克
抗微生物	盐酸林可霉素	5	内服，10~15 毫克/1 千克体重，一日 1~2 次，连用 3~5 日。混饮，40~70 毫克/1L 水。混饲，44~77 克/1 000 千克饲料。肌内注射，10 毫克/1 千克体重。
抗微生物	延胡素酸泰妙菌素	5	混饮，45~60 毫克/1L 水，连用 3 日。混饲，40~100 克/1 000 千克饲料。
抗微生物	黄霉素	0	混饲，育肥猪饲料中添加量为 5 毫克/千克，仔猪为 20~25 毫克/千克。
抗微生物	弗吉尼亚霉素	1	NULL
抗微生物	赛地卡霉素	1	混饲，75 克/1 000 千克饲料，连用 15 日。
抗微生物	磺胺二甲嘧啶	0	内服，首次 0.14~0.2 克/1 千克体重，维持量 0.07~0.1 克/1 千克体重，一日 1~2 次，连用 3~5 日。静脉、肌内注射，50~100 毫克/1 千克体重，一日 1~2 次，连用 2~3 日。
抗微生物	磺胺噻唑	0	内服，首次 0.14~0.2 克/1 千克体重，维持量 0.07~0.1 克/1 千克体重，一日 2~3 次，连用 3~5 日。静脉、肌内注射，50~100 毫克/1 千克体重，一日 2 次，连用 2~3 日。
抗微生物	磺胺对甲氧嘧啶	0	内服，首次量 50~100 毫克/1 千克体重，维持量 25~50 毫克/1 千克体重，一日 1~2 次，连用 3~5 日。
抗微生物	磺胺间甲氧嘧啶	0	内服，首次量 50~100 毫克/1 千克体重，维持量 25~50 毫克/1 千克体重，连用 3~5 日。静脉注射，50 毫克/1 千克体重，一日 1~2 次，连用 2~3 日。
抗微生物	磺胺氯哒嗪钠	3	内服，首次量 50~100 毫克/1 千克体重，维持量 25~50 毫克/1 千克体重，一日 1~2 次，连用 3~5 日。

（续表）

药物类别	药物名称	休药期（天）	使用指南
抗微生物	磺胺多辛	0	内服，首次量50~100毫克/1千克体重，维持量25~50毫克/1千克体重，一日1次。
抗微生物	磺胺脒	0	内服，0.1~0.2克/1千克体重，一日2次，连用3~5日。
抗微生物	琥磺噻唑	0	内服，0.1~0.2克/1千克体重，一日2次，连用3~5日。
抗微生物	酞磺噻唑	0	内服，0.1~0.2克/1千克体重，一日2次，连用3~5日。
抗微生物	酞磺醋酰	0	内服，0.1~0.2克/1千克体重，一日2次，连用3~5日。
抗微生物	吡哌酸	0	内服，40毫克/1千克体重，连用5~7日。
抗微生物	蒽诺沙星	10	内服，仔猪2.5~5毫克/1千克体重，一日2次，连用3~5日。肌内注射，2.5毫克/1千克体重，一日1~2次，连用2~3日。
抗微生物	盐酸二氟沙星	0	内服，5毫克/1千克体重，一日1次，连用3~5日。
抗微生物	诺氟沙星	0	内服，10毫克/1千克体重，一日1~2次。
抗微生物	盐酸环丙沙星	0	静脉、肌内注射，2.5毫克/1千克体重，一日2次，连用3日。
抗微生物	乳酸环丙沙星	0	肌内注射，2.5毫克/1千克体重，一日2次。静脉注射，2毫克/1千克体重，一日2次。
抗微生物	甲磺酸达诺沙星	5	肌内注射，1.25~2.5毫克/1千克体重，一日1次。
抗微生物	马波沙星	2	肌内注射，2毫克/1千克体重，一日1次。内服，2毫克/1千克体重，一日1次。
抗微生物	乙酰甲喹	0	内服，5~10毫克/1千克体重，一日2次，连用3日。肌内注射，2~5毫克/1千克体重。
抗微生物	卡巴氧	0	混饲，促生长10~25克/1 000千克饲料，预防疾病50克/1 000千克饲料。

（续表）

药物类别	药物名称	休药期（天）	使用指南
抗微生物	喹乙醇	35	混饲，1 000~2 000 克/1 000 千克饲料。
抗微生物	呋喃妥因	0	内服，6~7.5 毫克/1 千克体重，一日 2~3 次。
抗微生物	呋喃唑酮	7	内服，10~12 毫克/1 千克体重，一日 2 次，连用 5~7 日。混饲，2 000~3 000 克/1 000 千克饲料。
抗微生物	盐酸小檗碱	0	内服，0.5~1 克/1 千克体重。
抗微生物	乌洛托品	0	内服，5~10 克/1 千克体重。静脉注射，5~10 克/1 千克体重。
抗微生物	灰黄霉素	0	内服，20 毫克/1 千克体重，一日 1 次，连用 4~8 周。
抗微生物	制霉菌素	0	内服，50 万~100 万单位，一日 2 次。
抗微生物	克霉唑	0	内服，0.75~1.5 克/1 千克体重，一日 2 次。
抗寄生虫	噻本达唑	30	内服，50~100 毫克/1 千克体重。
抗寄生虫	阿苯达唑	10	内服，5~10 毫克/1 千克体重。
抗寄生虫	芬苯达唑	5	内服，5~7.5 毫克/1 千克体重。
抗寄生虫	奥芬达唑	21	内服，4 毫克/1 千克体重。
抗寄生虫	氧苯达唑	14	内服，10 毫克/1 千克体重。
抗寄生虫	氟苯达唑	14	内服，5 毫克/1 千克体重。混饲，30 克/1 000 千克饲料，连用 5~10 日。
抗寄生虫	非班太尔	10	内服，20 毫克/1 千克体重。
抗寄生虫	硫苯尿酯	7	内服，50~100 毫克/1 千克体重。
抗寄生虫	左旋咪唑	28	皮下、肌内注射，7.5 毫克/1 千克体重。
抗寄生虫	噻嘧啶	1	内服，22 毫克/1 千克体重。
抗寄生虫	精致敌百虫	7	内服，80~100 毫克/1 千克体重。
抗寄生虫	哈乐松	7	内服，50 毫克/1 千克体重。
抗寄生虫	伊维菌素	18	皮下注射，0.3 毫克/1 千克体重。

（续表）

药物类别	药物名称	休药期（天）	使用指南
抗寄生虫	阿维菌素	18	内服，0.3 毫克/1 千克体重。
抗寄生虫	多拉菌素	24	皮下、肌内注射，0.3 毫克/1 千克体重。
抗寄生虫	越霉素 A	15	混饲，5~10 克/1 000 千克饲料。
抗寄生虫	越霉素 B	15	混饲，10~13 克/1 000 千克饲料。
抗寄生虫	哌嗪	0	内服，0.25~0.3 克/1 千克体重。
抗寄生虫	枸橼酸乙胺嗪	0	内服，20 毫克/1 千克体重。
抗寄生虫	硫双二氯酚	0	内服，75~100 毫克/1 千克体重。
抗寄生虫	吡喹酮	0	内服，10~35 毫克/1 千克体重。
抗寄生虫	硝碘酚腈	60	皮下注射，10 毫克/1 千克体重。
抗寄生虫	硝硫氰酯	0	内服，15~20 毫克/1 千克体重。
抗寄生虫	盐霉素钠	0	混饲，25~75 克/1 000 千克饲料。
抗寄生虫	二嗪农	14	喷淋，250 毫克/1 000 毫升水。
抗寄生虫	溴氰菊酯	21	药浴、喷淋，30~50 克/1 000 升水。
抗寄生虫	氰戊菊酯	0	药浴、喷淋，80~200 毫克/1 升水。

注：此表数据来源于农业部 278 号公告。

附表 2　食品动物禁用的兽药
及其他化合物名单

序号	兽药及其他化合物名称	禁止用途	禁用动物
1	β-兴奋剂类：克仑特罗、沙丁胺醇、西马特罗及其盐、酯及制剂	所有用途	所有食品动物
2	性激素类：己烯雌酚及其盐、酯及制剂	所有用途	所有食品动物
3	具有雌激素样作用的物质：玉米赤霉醇、去甲雄三烯醇酮、醋酸甲孕酮及制剂	所有用途	所有食品动物
4	氯霉素、及其盐、酯（包括：琥珀氯霉素）及制剂	所有用途	所有食品动物
5	氨苯砜及制剂	所有用途	所有食品动物
6	硝基呋喃类：呋喃唑酮、呋喃它酮、呋喃苯烯酸钠及制剂	所有用途	所有食品动物
7	硝基化合物：硝基酚钠、硝呋烯腙及制剂	所有用途	所有食品动物
8	催眠、镇静类：安眠酮及制剂	所有用途	所有食品动物
9	林丹（丙体六六六）	杀虫剂	所有食品动物
10	毒杀芬（氯化烯）	杀虫剂、清塘剂	所有食品动物
11	呋喃丹（克百威）	杀虫剂	所有食品动物
12	杀虫脒（克死螨）	杀虫剂	所有食品动物

（续表）

序号	兽药及其他化合物名称	禁止用途	禁用动物
13	双甲脒	杀虫剂	水生食品动物
14	酒石酸锑钾	杀虫剂	所有食品动物
15	锥虫胂胺	杀虫剂	所有食品动物
16	孔雀石绿	抗菌、杀虫剂	所有食品动物
17	五氯酚酸钠	杀螺剂	所有食品动物
18	各种汞制剂包括：氯化亚汞（甘汞），硝酸亚汞、醋酸汞、吡啶基醋酸汞	杀虫剂	所有食品动物
19	性激素类：甲基睾丸酮、丙酸睾酮、苯丙酸诺龙、苯甲酸雌二醇及其盐、酯及制剂	促生长	所有食品动物
20	催眠、镇静类：氯丙嗪、地西泮（安定）及其盐、酯及制剂、	促生长	所有食品动物
21	硝基咪唑类：甲硝唑、地美硝唑及其盐、酯及制剂、	促生长	所有食品动物
22	洛美沙星、培氟沙星、氧氟沙星、诺氟沙星等4种原料药的各种盐、脂及其各种制剂。	所有用途	所有食品动物
23	硫酸黏菌素	促生长	所有食品动物

注：此表由农业部相继发布的文件整理而成。

附表 3　我国畜肉中兽药残留限量表（与发达国家比较）

项目	指　标					
	中国	CAC	美国	欧盟	日本	澳大利亚
氟苯尼考毫克/千克	≤0.1	/	牛 0.3，猪 0.2	/	/	0.3，猪肉 0.5
甲砜霉素毫克/千克	≤0.05	/	/	≤0.05	/	/
氯霉素，毫克/千克	不得检出	/	/	/	/	/
磺胺类药物（以总量计），毫克/千克	不得检出	/	≤0.1	≤0.1	≤0.1	≤0.1
泰乐菌素毫克/千克	≤0.2	/	≤0.2	≤0.1	/	≤0.1，猪肉 0.2

（续表）

项目	指标					
	中国	CAC	美国	欧盟	日本	澳大利亚
硝基呋喃类代谢物，毫克/千克	不得检出	/	/	/	/	/
喹诺酮类（以总量计），毫克/千克	不得检出	/	达氟沙星 ≤0.2	二氟沙星 ≤0.1	/	/
土霉素，毫克/千克	≤0.1	≤0.1		≤0.1	/	≤0.1
四环素，毫克/千克	≤0.1	≤0.1	总计≤2.0	≤0.1	各≤0.1，三者之和为0.2	/
金霉素，毫克/千克	≤0.1	≤0.1	/	≤0.1		≤0.1
强力霉素，毫克/千克	≤0.1	≤0.05	/	≤0.1	/	/
喹乙醇代谢物，毫克/千克	不得检出	/	/	/	/	/
伊维菌素毫克/千克	不得检出	/	/	/	/	/
盐酸克伦特罗	不得检出	/	/	/	/	/
莱克多巴胺	不得检出	/	/	/	/	/
沙丁胺醇	不得检出	/	/	/	/	/
西马特罗	不得检出	/	/	/	/	/

注：此表中我国限量数据来源于《绿色食品 畜肉》（NY/T 2799—2015）。

附表4 我国食品中重金属限量表

元素名称	序号	产品名称	指标	判定标准号	检测方法号
镉（以Cd计）	1	肉及肉制品 肉类（畜禽内脏除外）	≤0.1 毫克/千克	GB 2762—2017	GB/T 5009.15
	2	肉及肉制品 肉类 畜禽肝脏	≤0.5 毫克/千克	GB 2762—2017	GB/T 5009.15
	3	肉及肉制品 肉类 畜禽肾脏	≤1.0 毫克/千克	GB 2762—2017	GB/T 5009.15
	4	肉及肉制品 肉制品（肝脏制品、肾脏制品除外）	≤0.1 毫克/千克	GB 2762—2017	GB/T 5009.15
	5	肉及肉制品 肉制品 肝脏制品	≤0.5 毫克/千克	GB 2762—2017	GB/T 5009.15
	6	肉及肉制品 肉制品 肾脏制品	≤1.0 毫克/千克	GB 2762—2017	GB/T 5009.15
	7	蛋及蛋制品	≤0.05 毫克/千克	GB 2762—2017	GB/T 5009.15
铬（以Cr计）	8	肉及肉制品	≤1.0 毫克/千克	GB 2762—2017	GB/T 5009.123
	9	乳及乳制品 生乳、巴氏灭菌乳、灭菌乳、调制乳、发酵乳	≤0.3 毫克/千克	GB 2762—2017	GB/T 5009.123
	10	乳及乳制品 乳粉	≤2.0 毫克/千克	GB 2762—2017	GB/T 5009.123

（续表）

元素名称	序号	产品名称	指标	判定标准号	检测方法号
甲基汞（以 Hg 计）	11	肉及肉制品　肉类	无规定毫克/千克	GB 2762—2017	GB/T 5009.17
	12	乳及乳制品　生乳、巴氏灭菌乳、灭菌乳、调制乳、发酵乳	无规定毫克/千克	GB 2762—2017	GB/T 5009.17
	13	蛋及蛋制品　鲜蛋	无规定毫克/千克	GB 2762—2017	GB/T 5009.17
总汞（以 Hg 计）	14	肉及肉制品	≤0.5 毫克/千克	GB 2762—2017	GB/T 5009.11
	15	乳及乳制品　生乳、巴氏灭菌乳、灭菌乳、调制乳、发酵乳	≤0.1 毫克/千克	GB 2762—2017	GB/T 5009.11
	16	乳及乳制品　乳粉	≤0.5 毫克/千克	GB 2762—2017	GB/T 5009.11
铅（以 Pb 计）	17	肉及肉制品　肉类（畜禽内脏除外）	≤0.2 毫克/千克	GB 2762—2017	GB 5009.12
	18	肉及肉制品　肉类畜禽内脏	≤0.5 毫克/千克	GB 2762—2017	GB 5009.12
	19	肉及肉制品　肉制品	≤0.5 毫克/千克	GB 2762—2017	GB 5009.12
	20	乳及乳制品　生乳、巴氏灭菌乳、灭菌乳、发酵乳、调制乳	≤0.05 毫克/千克	GB 2762—2017	GB 5009.12
	21	乳及乳制品　乳粉、非脱盐乳清粉	≤0.5 毫克/千克	GB 2762—2017	GB 5009.12
	22	乳及乳制品　其他乳制品（生乳、巴氏灭菌乳、灭菌乳、发酵乳、调制乳、乳粉、非脱盐乳清粉除外）	≤0.3 毫克/千克	GB 2762—2017	GB 5009.12
	23	蛋及蛋制品（皮蛋、皮蛋肠除外）	≤0.2 毫克/千克	GB 2762—2017	GB 5009.12
	24	蛋及蛋制品　皮蛋、皮蛋肠	≤0.5 毫克/千克	GB 2762—2017	GB 5009.12

元素名称	序号	产品名称	指标	判定标准号	检测方法号
总砷（以As）计	25	肉及肉制品	≤0.5 毫克/千克	GB 2762—2017	GB/T 5009.11
	26	乳及乳制品　生乳、巴氏灭菌乳、灭菌乳、调制乳、发酵乳	≤0.1 毫克/千克	GB 2762—2017	GB/T 5009.11
	27	乳及乳制品　乳粉	≤0.5 毫克/千克	GB 2762—2017	GB/T 5009.11

注：此表数据来源于《GB 2762—2017 食品安全国家标准 食品污染物限量》，该标准于 2017 年 9 月 17 日起实施。

参考文献

白建，李强 . 2012. 笨鸡蛋与笼养鸡蛋营养成分含量的比较研究［J］. 科学养禽，No. 03.

白文杰 . 2010. 我国动物性食品兽药残留问题的公共经济学分析［J］. 消费经济，26（6）：75-77.

陈怀涛 . 2012. 动物肿瘤彩色图谱［M］. 北京：中国农业出版社.

陈历俊 . 2008. 原料乳生产与质量控制［M］. 北京：中国轻工业出版社.

陈威风，陈敬鑫 . 2011. 肉制品中硝基呋喃类药物残留的研究进展［J］. 肉类研究，11.

德庆卓嘎，央金，扎西，等 . 2014. 西藏多玛绵羊羊肉品质研究［J］. 家畜生态学报，35（5）：79-82.

刁有祥，张雨梅 . 2011. 动物性食品卫生理化检验［M］. 北京：中国农业出版社.

高翔，王蕊 . 2015. 肉制品生产技术［M］. 北京：中国轻工业出版社.

李凤林，兰文峰 . 2010. 乳与乳制品加工技术［M］. 北京：中国轻工业出版社.

李晓雯，迟秋池，夏苏捷，等．2015．高效液相色谱-四极杆-飞行时间质谱法检测猪肉中22种磺胺类兽药残留［J］．食品安全质量检测学报，6（5）：1 735-1 742．

李艳，周玉香，李如冲，等．2010．羊肉风味植物以及影响羊肉风味的营养因素［J］．中国草食动物（4）30：67-70．

李迎楠，刘文营，成晓瑜，等．2016．GC-MS结合电子鼻分析温度对肉味香精风味品质的影响［J］．食品科学，37（14）：105-109．

梁飞燕，卢日刚．2016．动物源性食品中多兽药残留检测方法的研究进展［J］．安徽农业科学，44（26）：50-51，68．

刘艳丰，唐淑珍，闫向明．2016．在夏季天然草场补饲对阿勒泰羊肉品质的影响［J］．饲料研究（4）17-20．

陆威达．2013．上海市动物性食品中氯霉素残留及人群暴露的研究，复旦大学，硕士论文．

满达，孙海洲，诺敏，等．2014．日粮中添加抗氧化应激添加剂对羊肉品质的影响［J］．家畜生态学报，35（5）：37-39．

庞之列．2014．解冻猪肉与注水猪肉品质及检测方法研究［D］．南京农业大学，硕士论文．

邱礼平．2008．食品安全概论［M］．北京：化学工业出版社．

施阳阳，叶瑞兴，陈华丽，等．2013．凉山半细毛羊改良

羊与布拖黑绵羊肉氨基酸和矿物质含量分析［J］. 西
　南农业学报, 26（5）.

孙海新. 2013. 鸡肉中金刚烷胺残留的生物识别材料研究
　与亲和检测方法建立［D］. 中国海洋大学, 博士论文.

孙雷, 徐士新. 2012. 兽药残留的风险、产生原因及主要
　监管措施［J］. 北京工商大学学报（自然科学版）, 30
　（1）.

邬晓娟, 曹秀月, 蔡建军, 等. 2012. 不同饲养条件下鸡
　蛋营养成分比较研究中国畜牧兽医文摘［J］, No. 3.

薛慧文. 2003. 肉品卫生监督与检验手册［M］. 北京: 金
　盾出版社.

薛效贤, 张月, 李翌辰. 2015. 禽蛋禽肉加工技术［M］.
　北京: 中国纺织出版社.

盐池滩羊肌肉和脂肪组织中挥发性风味成分的研究［J］.
　食品工业, 2013（11）34: 243-248.

杨清峰, 赵小丽, 武玉波. 2011. 国际食品法典标准汇
　编——畜牧生产卷［D］. 北京: 中国农业大学出版社.

姚瑶, 彭增起, 邵斌, 等. 2010. 加工肉制品中杂环胺的
　研究进展［J］. 食品科学, No23, 447-453.

张秋兰. 2011. 动物源性食品中残留的瘦肉精与血清白蛋
　白相互作用规律［D］. 南昌大学, 博士论文.

张新明, 王强. 2015. 国际食品法典标准汇编——兽药残
　留卷［M］. 北京: 中国农业科学技术出版社.

张艳, 牛艳, 苟春林, 等. 2015. 羊肉中β-受体激动剂
　兽药残留风险评估［J］. 吉林农业科学, 40（4）: 65-

67，82.

周玉香，李志静，李艳 . 2014. 羊肉风味植物在滩羊体内降解规律的研究 ［J］. 饲草与饲料，（10）112-116 .

左文霞，于晓蕾，王莹，李月，等 . 2012. 动物产品中兽药残留的危害与监控 ［J］. 饲料研究，No. 03.